KB195688

엉뚱한 과학책

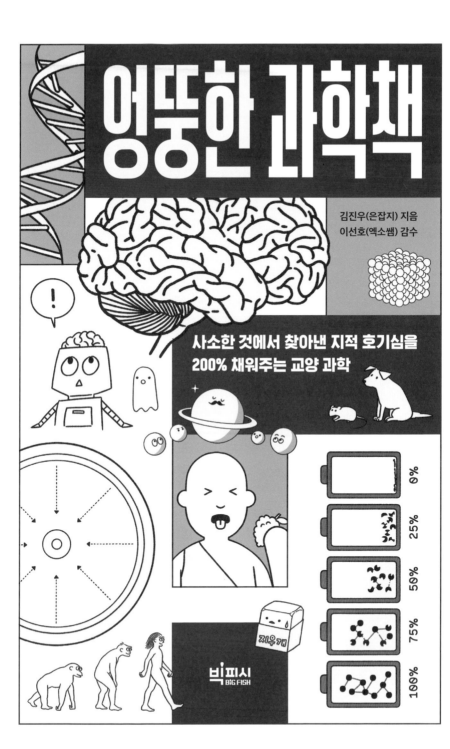

엉뚱한 과학책

김진우(은잡지) 지음
이선호(엑소쌤) 감수

사소한 것에서 찾아낸 지적 호기심을
200% 채워주는 교양 과학

빅피시
BIG FISH

엉뚱한 질문 속 숨어있는 당신이 몰랐던 과학 이야기

고층 건물 입구를 지나갈 때 우리는 자연스럽게 회전문을 통과하게 됩니다. 그런데 생각해 보면 이상하지 않나요? 고층 건물에는 왜 항상 회전문이 설치되어 있을까요? 날이 더워 에어컨을 켜면서 '겨울에 에어컨을 30도로 튼다면 온도가 따뜻해질까?' 이런 엉뚱한 생각을 한 번쯤 해보신 적 있으신가요? 또 음주측정기는 불기만 해도 술을 마셨는지를 어떻게 알아낼까요? 핫팩은 흔들기만 해도 어떤 원리로 열이 나는 걸까요?

이처럼 주위를 둘러보면 우리의 일상생활에 과학은 이미 깊숙이 스며들어 있습니다. 때로는 황당무계한 질문처럼 보여도 이런 사소한 호기심에 대한 답을 찾으며, 저는 과학의 재미에 서서히 빠져들었습니다. 새로운 사실을 알아가고 몰랐던 것을 배우는 재미를 느끼며, 이런 즐거움을 더 많은 사람에게 쉽고 재밌게 전달하기 위해 '은근한 잡다한 지식'이라는 유튜브 채널을 시작했죠.

제가 평소 궁금했던 질문에 대해 공부한 내용을 하나씩 업로드하는 소박한 계기로 시작한 채널에 정말 많은 분이 폭발적인 관심을 보여주었습니다. 채널을 운영하며 '나 혼자 궁금했던 것이 아니고, 다른 사람도 이렇게 다양한 호기심을 갖고 사는구나!' 하는 깨달음을 얻기도 했습니다.

우리는 평소에도 많은 궁금증을 가지며 살아갑니다. 하지만 너무 사소해서 혹은 바보 같은 질문이라는 생각이 들어서 누구에게도 물어보지 못하고 답을 알지 못한 채 그저 지나치게 되죠. 《엉뚱한 과학책》은 이런 궁금증에 대한 답을 해줌과 동시에 세상을 새로운 시각으로 바라볼 수 있도록 도와주는 책입니다. 어렵고 복잡하게 느껴졌던 과학이 사실은 얼마나 쉽고 재밌는지 알게 해줄 것입니다.

《엉뚱한 과학책》에는 교과서에서 배우는 딱딱한 이론이 아니라 누구나 공감할 수 있고 일상생활과 밀접한 과학 이야기가 담겨 있습니다. 무엇보다 과학에 흥미가 없는 사람도 한눈에 내용을 이해할 수 있도록 사진과 일러스트를 최대한 활용했으며, 어려운 과학 용어는 따로 풀이해 핵심만 살필 수 있도록 집필했습니다.

우리가 일상생활에서 궁금할 법한 다양한 질문을 '뇌과학, 우주, 인체, 화학, 생물' 등 주제에 맞춰 이 책에 담았습니다. 첫 번째 파트에서는 아직도 밝혀지지 않은 부분이 많은 '뇌과학'을 다룹니다. 아무도 없는데 누군가 있는 것처럼 느껴지는 현존감부터 절단된 신체 부위에서 가려움을 느끼는 환상통까지, 다채로운 뇌과학의 세계로 여러분을 안내합니다. 두 번째 파트는 여전히 우리에게 미지의 세계인 광활한 우주로 훌쩍 날아갑니다. '우주에서 멀미를 하면 어떻게 될까?' '화성에서 감자를 키우는 게 가능할까?'처럼 제목을 읽다 보면 절로 호기심이 생기는 질문들이 가득합니다.

세 번째 파트는 '물속에 오래 있으면 어떻게 될까?'처럼 극한의 환경에서 우리의 몸은 어떻게 반응하는지를 상상해보며 알고 나면 놀라운 인체 상식을 다룹니다. 네 번째 파트에는 우리가 자주 사용하는 스마트폰이나 노이즈 캔슬링 이어폰처럼, 주변에서 쉽게 볼 수 있는 물건에 숨겨진 과학적 원리를 핵심만 쏙쏙 설명했습니다. 마지막으로 낮술을 마시면 빨리 취하는 것이 과학적으로 사실인지, 일부 사람들이 오이를 싫어하는 과학적인 이유가 무엇인지 등 평소 누구라도 궁금했을 법한 질문을 통해 과학 교양을 쉽고 재밌게 알려줍니다.

이 다섯 개의 파트를 순서대로 읽어도 재미있지만 평소 궁금했던 것이나 관심이 가는 주제를 먼저 보는 것도 책을 200퍼센트 활용할 수 있는 방법입니다. 가까운 곳에 책을 두고 그때그때

궁금한 부분을 펼쳐보는 것도 이 책을 즐기는 한 가지 방법이 되겠죠.

　이 책이 세상의 빛을 볼 수 있기까지 많은 분의 도움과 격려가 있었습니다. 먼저 유튜브 '은근한 잡다한 지식' 채널을 사랑해주시는 구독자분들에게 감사하다는 말씀을 전합니다. 영상을 올릴 때마다 응원해주신 덕분에 저도 힘을 내 여기까지 올 수 있었습니다. 그리고 출간을 제안해 주신 빅피시 이경희 대표님과 세심하게 피드백을 해주시고 책이 더 풍성해지도록 노력해주신 김다영 과장님, 글 내용에 맞게 일러스트를 찰떡같이 그려주신 유혜리 작가님, 이외에도 이 책을 만드는 데 힘써주신 모든 분들께 감사 인사를 드립니다. 또 '엑소쌤'이라는 이름으로 활동하고 계신 과학 커뮤니케이터 이선호 선생님께서 감수를 해주신 덕분에 책의 완성도를 높일 수 있었습니다.

　'은근한 잡다한 지식'에 영상을 올리기 시작한 이후, 하루 종일 과학을 공부하다 보니 때로는 이런 생각이 들기도 합니다. '학창 시절엔 그렇게 공부가 싫었던 나인데, 이제는 누가 시키지도 않은 공부를 매일매일 하고 있다니…. 학교 다닐 때 공부를 이렇게 했다면 척척박사가 되지 않았을까?' 그런데 한 가지 놀라운 사실은 척척박사가 될 기회는 여전히 남아있다는 것입니다. 뇌는 나이에 관계없이 항상 발전할 수 있기에 배우면 배울수록, 기억하면 기억할수록 더 발달하게 됩니다.

이렇게 저에게도 기회가 남아있는 만큼 여러분들에게도 똑같이 기회가 남아있습니다. 이 책을 읽다 보면 자연스럽게 뇌에 새로운 과학 지식과 개념이 채워져 나도 모르는 사이 뇌는 더 발전하게 됩니다. 이렇게 하나를 새롭게 알게 되면, 몰랐던 사실도 저절로 이해할 수 있기도 합니다.

　'이건 왜 그럴까?' 같은 작은 의문을 일상에 던지는 것부터 시작하면, 이 세상이 재밌는 것으로 가득한 곳으로 보입니다. 과학이라는 렌즈를 통해 보면 우리가 살고 있는 세상이 더 흥미롭고, 때로는 이상하고, 또 놀랄 만큼 아름다운 곳이라는 사실을 이 책을 통해 더 많은 분이 알아갈 수 있는 마중물이 되기를 바랍니다.

차례

PART 04 **우리 곁에 있지만 미처 몰랐던 사물의 작동 원리**

PART 05 엉뚱한 질문에 대한 기발하고 발칙한 과학 상식

PART 01

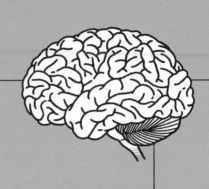

살면서
한 번쯤은 궁금했던
인체의 미스터리

뇌를 이식하면
기억도 옮겨질까?

　우리는 뇌가 있는 덕분에 기억할 수 있고, 학습할 수 있고, 생각할 수 있고, 행동할 수 있고, 감각을 느낄 수 있죠. 뇌는 이렇게 많은 기능을 담당하고 있기에 다치면 치명상을 입기도 합니다. 뇌를 크게 다쳐 식물인간 상태에 빠지게 되면 다른 장기들이 살아있다고 하더라도 아무런 행동을 할 수 없게 되죠.

　물론 생명 유지 장치에 의해 생명은 계속 유지할 수 있지만 뇌는 다시 깨어날 수 없기에, 마치 죽은 것처럼 영원한 잠에 빠지게 됩니다. 이런 경우 필요한 사람들에게 장기를 기증하고 세상을 떠나기도 합니다. 그렇다면 반대로 뇌는 멀쩡하지만 다른 장기들은 죽어버려 더 이상 살아갈 수 없을 때, 멀쩡한 몸으로 뇌를 이식하게 된다면 어떻게 될까요? 예를 들어, 전신 마비가 된 사람의 뇌를 뇌사 상태에 빠진 사람의 몸으로 이식한다면 뇌가 원래 가지고 있던 기억도 같이 옮겨질까요?

뇌에 기억이 저장되는 원리

뇌는 크게 '대뇌, 소뇌, 뇌간'으로 나뉩니다. 소뇌는 몸의 균형과 운동 능력을 담당하고, 뇌간은 호흡, 심장 박동, 혈압 조절과 같은 역할을 합니다. 대뇌는 청각과 시각 같은 감각 기능과 언어를 담당하고 있는데 크게 전두엽, 측두엽, 두정엽, 후두엽으로 구분됩니다. 기억은 뇌의 특정한 한 부분에만 저장되는 것이 아니

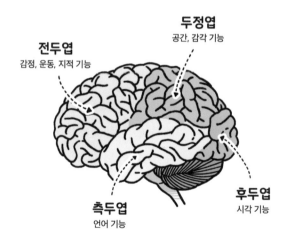

두정엽
공간, 감각 기능

전두엽
감정, 운동, 지적 기능

측두엽
언어 기능

후두엽
시각 기능

라, 다양한 부위에 걸쳐 분산되어 저장되는데요. 구체적으로는 해마를 구성하는 뉴런들이 만나는 '시냅스'라고 불리는 신경연접에 저장이 되죠.

결국 뇌는 우리의 정신 그 자체라고 말할 수 있습니다. 뇌를 다치게 되면 여러 가지 행동에 제약이 생깁니다. 반대로 몸을 다쳐 어디가 불편한 상황이 되더라도 뇌만 멀쩡하다면 움직이는 데 어려움은 있겠지만, 학습, 기억, 감정 같은 정신적인 기능은 정상적으로 작동합니다. 우리가 컴퓨터를 사용할 때 모든 데이터는 기억장치, 즉 하드디스크나 SSD에 저장되기에 다른 부품을 바꿔도 기억장치를 바꾸지 않는다면 사용하던 데이터를 그대로 쓸 수 있죠. 그렇다면 컴퓨터와 마찬가지로 모든 기억은 뇌에 저장되니, 뇌를 이식한다면 기억도 함께 옮겨지지 않을까요? 하지만 이는 현실적으로 실현하기 쉽지 않습니다.

먼저 뇌를 이식하기 위해선 두개골에서 뇌를 꺼내야 합니다. 하지만 두개골은 아주아주 단단하기 때문에 두개골을 여는 것 자체가 쉽지 않죠. 게다가 뇌는 우리의 몸 전체와 신경이 연결되어 있는데, 뇌를 꺼내기 위해선 이 연결을 모두 끊어내야 합니다.

또한 뇌는 작은 충격에도 쉽게 손상됩니다. 그렇기 때문에 수술 과정 중 뇌에 충격이 조금이라도 가해지면 설령 뇌 이식에 성공했다고 하더라도 어딘가 문제가 생기게 되죠. 이뿐 아니라 수술 중 뇌에 산소 공급이 3분만 안 되더라도 뇌사 상태에 빠지게

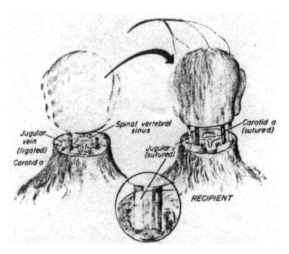

1970년 두 마리 원숭이의 머리를 맞교환하는 실험에 성공한 로버트 화이트 교수가 그린 머리 이식술 개념도.

됩니다. 그렇기에 뇌 이식 수술은 아주 빠르게 이루어지거나 뇌 세포에 산소를 공급해 주는 장치가 있어야 하는데, 지금의 기술력으로는 둘 다 불가능합니다.

그러면 뇌 이식을 할 수 있는 방법이 아예 없는 걸까요? 성공 확률을 높이기 위해선 뇌를 이식하는 것이 아니라 '머리' 자체를 이식해야 합니다. 1970년 미국의 로버트 화이트 박사는 원숭이의 머리를 다른 원숭이의 몸에 이식하는 실험을 진행했습니다. 수술 결과, 머리를 이식한 원숭이는 의식을 차리긴 했지만 9일 후 세상을 떠났다고 합니다.

중국과 일본에서도 쥐에게 머리를 이식하는 실험을 했는데요.

20

이 수술 역시 결과가 성공적이지는 않았다고 합니다. 이처럼 뇌를 이식하는 것은 물론, 머리를 이식하는 것 자체가 현재로선 불가능해 보입니다.

뇌 이식 수술이 현실적으로 가능해진다면?

만약 미래에 기술이 발전해 뇌 이식 수술이 가능해진다면 어떨까요? 기억은 해마를 포함한 뇌에 다양한 부위(대뇌피질, 편도체, 소뇌, 기저핵 등)에 위치한 뉴런들이 서로 연결되는 부위인 시냅스에 통합적으로 저장되기 때문에, 뇌를 이식한다면 기억 역시 옮겨질 것입니다! 하지만 앞에서 언급한 동물 실험처럼 뇌나 머리를 이식하는 데 성공하더라도, 새로운 뇌나 머리를 몸이 받아들이지 못한다면 얼마 지나지 않아 세상을 떠나게 될 것입니다.

우리의 몸은 외부에서 무언가가 우리 몸 안으로 침입하면 유해한 물질이라고 판단해 면역 세포가 외부 물질을 제거하려고 합니다. 그래서 장기이식을 받게 되면 면역 세포의 활동을 억제하기 위해 면역억제제를 먹는데요. 뇌를 이식했을 때도 마찬가지로 면역억제제를 평생 먹어야 합니다. 그런데 장기이식보다 뇌 이식을 했을 때 나타나는 부작용과 위험성이 훨씬 더 클 것으로 예상되기에, 뇌 이식에 대해 긍정적인 의견보다 부정적인 의견이 더 많은 것이죠.

많은 사람들이 아프지 않고 오래오래 사는 것을 원하기 때문에 뇌 이식에 대한 연구는 앞으로도 계속 진행되겠죠. 하지만 앞서 언급한 문제들을 해결하는 것이 쉽지 않아 보입니다. 미래에 뇌 이식이 가능해진다면 어쩌면 인간의 몸이 아니라 기계나 로봇에 이식되지 않을까 하는 생각을 해봅니다.

일단 알아두면 교양 있어 보이는 과학 용어

▸ 해마: 뇌의 일부분으로 장기적인 기억과 공간개념, 감정적인 행동을 조절하는 역할을 함.
▸ 시냅스: 한 뉴런의 축삭돌기 말단과 다음 뉴런의 수상돌기 사이의 연접 부위.

내가 경기를 보면서 응원할 때마다 꼭 지는 이유?

"이상하게 내가 경기를 보면 이기고 있다가도 지더라." 여러분은 살면서 이런 얘기, 한 번쯤은 들어보셨나요? 이상하게 내가 응원하는 팀의 경기가 있을 때 그 경기를 내가 보면 지고, 만약에 안 보면 질 것처럼 보였던 경기도 이기는 경우가 있습니다. 그래서 때로는 우리 팀이 이겼으면 하는 마음에 일부러 경기를 시청하지 않는 사람들도 있습니다. 그렇다면 도대체 왜 내가 경기를 시청할 때마다 지게 되는 걸까요?

통제하고 싶은 인간의 본능

우리는 살아가면서 다양한 사건을 겪게 됩니다. 이 중에는 내가 직접 결과를 통제할 수 있는 사건도 있지만, 당첨을 기대하며 복권을 사거나 스포츠 경기를 보며 응원하는 것처럼 직접 통제할 수 없는 사건도 있습니다. 인간은 기본적으로 주변에서 일어나는 사건을 자신의 힘으로 통제할 수 있다고 믿고 있는데요. 이것을 '통제감'이라고 하죠.

예를 들어, 복권을 긁는 것은 그저 운일 뿐이지 긁는 행위가 결과에 영향을 미칠 수 있는 것이 아닙니다. 하지만 로또의 경우 내가 직접 숫자를 선택할 수 있기에, 당첨되었을 때 내 힘으로 무언가 해냈다는 성취감이 따라옵니다. 즉 로또는 결과를 내가 통제할 수 있다고 믿는 경향성이 다른 복권보다 큰 것입니다.

중요한 시험을 앞두고 미역국을 먹지 않는다든가, 면접에서 탈락하지 않기 위해 물건을 떨어트리지 않으려고 노력하는 행위 역시 논리적으로는 결과에 어떠한 영향도 줄 수 없는 행동입니다. 하지만 내가 행동하는 것이 결과에 영향을 줄 수 있다고 믿기 때문에 우리는 이런 징크스를 갖고 있는 것이죠.

스포츠 경기도 마찬가지입니다. 경기를 시청하는 중에는 내가 어떠한 행동을 해도 경기 결과에 영향을 줄 수 없습니다. 하지만 '내가 경기를 보면 진다'라고 생각하는 경우, 경기를 보지 않음으로써 경기에 직접 참여하고 있다고 느끼면서 경기 결과를 통제할 수 있다고 생각하게 됩니다. 그래서 실제로 굉장히 보고 싶은 중요한 경기임에도 경기를 시청하지 않는 행동을 하는 것입니다. 즉, 불규칙 속에서 규칙을 찾아내 불규칙을 통제하려는 인간의 기본적인 욕구를 보여주는 것이죠.

안 좋은 기억이 좋은 기억보다 더 오래 가는 이유

실제로 내가 보는 모든 경기에서 응원하는 팀이 지는 경우는 아마도 이 세상에 없을 것입니다. 내가 봤음에도 이기는 경기가 있을 것이고, 내가 보지 않았음에도 지는 경기가 있을 것입니다. 그럼에도 '내가 보면 대체 왜 지는 걸까?'라고 생각하는 이유는 안 좋은 기억이 더 오래 지속되도록 인간의 뇌가 설계되어 있기

때문입니다.

우리의 뇌는 모든 것을 기억할 수 없기에 생존에 필요한 것을 우선으로 기억합니다. 그렇기에 행복한 순간보다 스트레스를 받거나 공포를 느낄 때가 훨씬 더 오래 기억에 남습니다. 예를 들어, 횡단보도를 건너다 큰 사고가 날 뻔했는데, 하필 그날 왼발을 먼저 디뎌 횡단보도를 건넜다고 가정해봅시다. 부정적인 기억은 금방 휘발되는 것이 아니라 장기 기억으로 자리 잡게 되고, 이후에 횡단보도를 건널 때마다 안 좋은 기억이 떠올라 왼발이 아닌 오른발부터 디뎌야 한다고 신경을 쓰게 되는 것이죠.

하지만 왼발부터 디딘다고 해서 언제나 사고가 나는 것은 아닐 것입니다. 미국 컬럼비아대학교 르네 헨 교수는 두려운 상황을 뇌가 어떻게 인식하는지에 관한 연구를 진행했습니다. 두려운 상황에 놓인 쥐는 두렵다는 정보를 장기 기억으로 저장하고,

이후 같은 상황이 되면 그 기억을 활성화하는데요. 이때 활성화된 기억은 다른 다양한 뇌 부위에도 동기화됩니다. 이것을 '기억의 동기화'라고 하는데, 기억의 동기화로 인해 안 좋은 기억이 좋았던 기억보다 더 오래 남게 되는 것이죠. 쉽게 말해 한번 저장된 나쁜 기억은 한곳이 아니라 여러 곳에 나뉘어 저장되기 때문에 오래갈 수밖에 없다는 것입니다.

그렇기 때문에 만약 내가 경기를 봤을 때 딱 한 번이라도 지게 되면 그 기억이 장기 기억으로 남아, 이후에도 질 것 같은 상황이 되면 내가 경기를 봤기 때문에 지는 것 같다고 생각하게 됩니다.

눈앞에 무언가 떠다니는 현상은 왜 일어날까?

잠에서 깨 눈을 뜬 뒤 가장 먼저 하는 일은 눈에 있는 눈곱을 제거하는 일입니다. 눈곱은 눈에 들어온 이물질이 눈물과 합쳐져 생기는 작은 덩어리로, 우리의 눈은 잠을 자는 도중에도 눈물을 흘리기 때문에 아침에 일어나면 눈곱이 껴있는 경우가 대부분입니다.

눈곱은 주로 눈물주머니 쪽에 많이 생기지만 가끔 검은자 쪽으로 와서 시야를 방해할 때도 있습니다. 때로는 분명 눈곱이 아닌데, 눈곱과 비슷한 것이 갑자기 시야를 방해할 때도 있죠. 눈앞에 보이는 이 알 수 없는 것들의 정체는 도대체 무엇일까요?

눈곱도 먼지도 아닌 것의 정체, 비문증

이것은 마치 눈곱 같기도, 먼지가 눈에 들어간 것 같기도, 혹은 벌레가 둥둥 떠 있는 것 같기도 합니다. 이런 수상한 이물질을 '비문飛蚊'이라고 하며, 비문이 눈에 보이는 현상을 '비문증'이라고 합니다. 눈앞에 날파리가 떠다니는 것처럼 느껴져서 날파리증이라고 부르기도 하죠.

분명 눈앞에 뭐가 보이는데 손으로 잡으려고 해도 잡히지 않고 도대체 이게 뭔지 자세히 보려고 하면 도망가버려서 신경을 거슬리게 하죠. 게다가 어떤 경우에는 살아 움직이는 것처럼 보이기도 해서 '혹시 실, 거미줄, 머리카락, 지렁이, 날파리, 모기, 먼지 같은 것들이 눈에 들어간 게 아닐까?' 하는 걱정이 들기도 합니다. 하지만 비문증은 눈에 무언가 들어가거나 이상이 생겼을 때 나타나는 증상이 아닌 자연적으로 발생하는 증상입니다.

눈의 대부분을 차지하는 끈적한 젤리 같은 조직을 유리체라고

| 정상 | 비문증 |

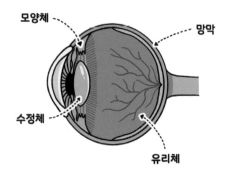

부릅니다. 유리체는 눈의 둥근 형태를 유지시키고, 빛을 잘 통과시켜 망막에 상이 맺힐 수 있도록 도와줍니다. 그런데 나이가 들면 유리체의 형태가 변하고 이물질이 섞이게 됩니다. 그러면 눈으로 들어오는 빛에 의해 유리체에 섞인 이물질의 그림자가 생기게 되는데, 이때 다른 물질의 그림자가 망막에 맺혀 시야에 보이는 것이 바로 비문증입니다. 유리체에 섞인 이물질은 외부 물질이 아니라 우리 몸의 세포 조각, 적혈구, 단백질 덩어리일 수도 있습니다.

즉, 유리체에 섞인 물질들은 원래부터 우리의 눈에 존재하는 물질이기 때문에 갑자기 비문증이 나타났다고 해서 크게 걱정할 필요는 없습니다. 비문증은 노화에 의한 자연스러운 현상이지만 근시가 있거나 스마트폰을 많이 사용한다면 젊은 나이에도 비문증이 나타날 수 있다고 합니다.

때로는 비문증과 비슷하지만 조금은 다른 증상이 나타나기도 합니다. 눈앞에 반짝이는 별 같은 것이나 올챙이가 왔다 갔다 하는 것처럼 보이기도 하는데, 이 증상을 '블루필드 내시 현상Blue field entoptic phenomenon'이라고 합니다. 적혈구와 백혈구는 혈관을 타고 이동하는데, 블루필드 내시 현상은 혈관을 따라 이동하는 백혈구의 움직임이 눈앞에 보이는 현상입니다. 가끔 반짝이는 별 뒤로 까만색 꼬리가 보이기도 하는데, 바로 적혈구의 움직임이 보이는 것이죠.

비문증이나 블루필드 내시 현상은 시력에 영향을 주지 않고 시간이 지나면 없어지는 경우가 일반적이지만, 만약 비문이 보이는 빈도수가 높거나 커다란 비문이 보인다면, 안과에 가서 검사를 받아보는 것이 좋다고 합니다.

일단 알아두면 교양 있어 보이는 과학 용어

▸ 비문증: 눈앞에 물체가 날아다니는 듯이 보이는 증상. 시야에 희미하게 모기와 같은 것이 보이며, 시선을 움직이면 이동하는 것처럼 느껴진다.
▸ 블루필드 내시 현상: 시야의 가장자리 부분에서 파란색 점 또는 올챙이 같은 무늬가 지그재그를 그리며 이동하는 것을 느끼는 현상.

우리가 단맛에
중독되는 이유?

초콜릿, 사탕, 쿠키, 케이크, 아이스크림…. 여러 디저트 중 여러분이 가장 선호하는 음식은 무엇인가요? 우리가 사랑하는 디저트의 공통점은 모두 달다는 것입니다. 개인마다 호불호가 있겠지만 단맛은 많은 사람이 선호하는 맛 중 하나입니다. 단맛은 다른 맛과의 조합도 굉장히 좋은데, 특히 '단짠단짠' 조합은 우리가 음식을 끊임없이 먹을 수 있게 만들기도 하죠.

하지만 단맛은 중독성이 굉장히 강해서 한번 빠지면 단맛을 계속 찾게 되면서 살이 찌거나, 각종 병의 원인이 되기도 합니다. 대체 단맛은 뇌에 어떤 영향을 주길래, 이처럼 단맛에 중독되는 것일까요?

단것을 먹었을 때 우리 몸에서 벌어지는 일

단맛은 당 성분에서 느껴지는 맛으로 꿀이나 설탕이 원료가 된 음식(주로 가공식품, 정제 곡물)이나 과일, 채소에서 맛볼 수 있습니다. 당은 여러 종류로 우리 주변에 존재하기에 쉽게 접할 수 있는 맛 중 하나입니다.

단맛은 어른보다 어린이가 더 선호하는데요. 급격한 성장이 이루어져야 하는 시기에 꼭 필요한 영양분을 섭취하기 위해서 단맛으로 이루어진 음식을 더 자극적으로 느끼게 되기 때문입니다. 한창 자라나는 어린아이는 신체 발달에 많은 칼로리가 필요하기에 자연스럽게 단 음식에 끌리는 것이죠.

어린이와 마찬가지로 과거의 인류 역시 생존을 위해 '초딩 입맛'이 필요했습니다. 첫 번째로 다양한 영양소 중에서 가장 쉽게 우리 몸에 흡수되고 칼로리가 높은 영양소가 바로 당입니다. 자연스럽게 우리 인류는 탄수화물(당)을 본능적으로 찾고 그걸 먹었을 때 행복감을 느끼게 진화해온 것이죠. 뿐만 아니라 과거 인류는 상한 음식을 오직 냄새와 맛으로만 구분해야 했고, 이 과정에서 미각이 발달하게 됩니다. 꿀 같은 단 음식은 당 함유량이 높아서, 이로 인한 삼투현상으로 세균이 쉽게 번식하지 못하므로 상하지 않을 확률이 높습니다. 그래서 인류는 여러 가지 맛 중에서 단맛을 가장 선호하게 된 것이죠.

열심히 뇌를 쓰거나 신체 활동을 하다 보면, '당이 떨어졌다'

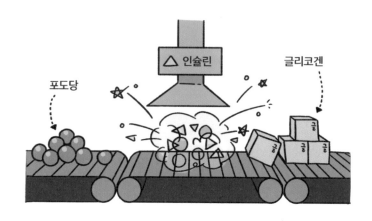

포도당　　　△ 인슐린　　　글리코겐

는 말이 절로 나오게 되는데요. 단 음식을 먹으면 우리 몸에선
어떤 반응이 일어날까요? 먼저 단 음식을 통해 포도당을 섭취하
게 됩니다. 포도당은 혈액에 녹아 흡수되는데 이때 췌장에서 인
슐린이라는 호르몬이 분비됩니다.

　인슐린은 포도당을 온몸의 세포에 전달시켜 세포들이 에너지
를 얻게끔 도와줍니다. 추가로 필요 이상의 포도당을 글리코겐으
로 바꾸는 역할을 하는데, 이 글리코겐이 바로 우리가 활동하는
데 필요한 에너지원이 됩니다. 그래서 힘들고 지쳤을 때 나도 모
르게 단 음식을 찾게 되는 것이죠.

　그런데 여기서 문제가 하나 있습니다. 인체는 당의 비율을 언
제나 일정하게 유지하기 위해 노력합니다. 우리가 정제 곡물과
같은 단순 당을 섭취하면 짧은 시간에 너무 많은 당이 혈액 속으

로 들어오게 됩니다. 따라서 혈당이 급격하게 올라가고, 이러한 혈당을 빠르게 낮추기 위해서 많은 양의 인슐린이 분비됩니다. 이러면 혈당이 정상치로 떨어지는 것이 아니라 너무 낮은 수준으로 확 떨어집니다. 이런 경우 분명히 많은 당을 섭취했음에도 불구하고 우리 뇌에서는 당이 부족하다고 느낍니다. 그래서 더 많은 당을 섭취하려는 욕구를 느끼고, 계속해서 몸에 부담을 주는 당 섭취를 반복하게 되는 것이죠.

이런 이유로 단 음식을 한 번에 많이 먹으면 다시 단 음식을 찾게 됩니다. 이 과정에서 인슐린을 분비하는 베타세포가 너무 급격하게 인슐린을 반복적으로 분비하다 보니 나중엔 세포의 기능에 이상이 생겨 당뇨병이 생기는 경우도 많습니다.

또한 단 음식을 먹으면 뇌에서 도파민이라는 신경전달물질이 분비됩니다. 우리가 어떤 행위를 하고 만족감, 행복감을 느끼면 도파민을 분비시켜 다시 그 행위를 반복하게끔 유도하는 호르몬이 도파민인데요. 이로 인해 우리는 쉽게 단 음식에 중독되는 것이죠.

술이나 담배에 중독되면 끊기 어려운 이유도 도파민 때문입니다. 술을 마시거나 담배를 피우면 단 음식을 먹을 때보다 훨씬 더 많은 도파민이 분비됩니다. 음식에서는 여러 맛 중 단맛이 도파민을 가장 많이 분비시키기 때문에 단맛에 쉽게 중독됩니다. 채소를 먹을 땐 도파민이 분비되지 않기 때문에 어린아이에게 채소를 먹이는 것은 단 음식을 먹이는 것보다 힘든 일이 될 수밖에 없죠.

매일 똑같은 음식을 맛있게 먹을 수 없는 이유

맛있는 식사를 하면 뇌에서 도파민이 분비됩니다. 예를 들어, 치킨을 먹으면 도파민이 분비되고 기분 좋은 상태로 있을 수 있죠. 만약 다음 날에도 치킨을 먹는다면, 치킨은 여전히 맛있기에 도파민이 분비되고 여전히 기분 좋은 상태일 겁니다. 다음 날에도 치킨을 또 먹는다면, 약간 질리긴 했지만 그래도 치킨이기에 여전히 맛있습니다. 도파민의 분비가 이전보다는 조금 줄어들긴 했지만 그래도 기분 좋은 상태입니다. 다음 날에도 치킨을 계속 먹는다면, 아마 질려버려서 치킨은 더 이상 맛이 없게 느껴질 것이고 도파민도 분비되지 않겠죠.

우리는 음식을 먹고 기분 좋은 상태를 원하기 때문에 매번 다른 음식을 찾게 됩니다. 처음 치킨을 먹었을 땐 도파민이 나오지만 계속 치킨을 먹다 보면 점점 처음 느꼈던 그 맛을 못느끼고 조금씩 질리게 되고, 도파민 분비량과 도파민에 대한 민감도도 떨어집니다. 이로 인해 반복적으로 당분이 많은 음식을 섭취하면, 처음엔 큰 행복감을 느끼지만 반복될수록 뇌는 도파민 민감도가 감소함에 따라 같은 행복감을 느끼기 위해서 더 많은 단맛을 요구하게 됩니다. 이는 점점 더 많은 당을 섭취하게 되는 악순환을 초래하며, 결과적으로 단맛에 중독될 가능성이 높아집니다.

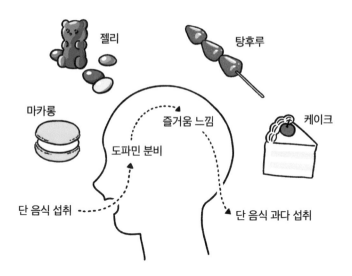

젤리

탕후루

마카롱

즐거움 느낌

케이크

도파민 분비

단 음식 섭취

단 음식 과다 섭취

에너지가 부족할 때 단 음식을 먹으면 포도당이 글리코겐으로 바뀌어 에너지를 채워주지만 여기서 또 단 음식을 먹으면 글리코겐이 이미 많이 있기 때문에 인슐린은 포도당을 지방으로 바꿉니다. 단것을 계속 먹는 경우 살이 찌거나 인슐린이 너무 많이 분비돼 저혈당증에 걸릴 수 있으니 언제나 적당함을 유지해야 합니다.

일단 알아두면 교양 있어 보이는 과학 용어

▸ 인슐린: 몸 안의 혈당을 낮춰주는 호르몬 단백질.
▸ 도파민: 신경세포 간 시냅스를 오가며 신경 회로를 활성화하는 신경전달물질로써 특히 보상과 동기 부여, 기분과 운동 조절에 중요한 역할을 함.

갑자기 누군가 있는 것처럼
느껴지는 이유?

길을 걷고 있는데 누군가 따라오고 있다는 느낌을 받아 뒤를 돌아봤더니 아무도 없었던 경험을 한 적 있나요? 혹은 집에 혼자 있는데 누군가 나를 쳐다보고 있다는 느낌을 받은 적이 있나요?

이처럼 때로는 주변에 아무도 없는데 누군가 나와 같은 공간에 있다는 느낌을 받을 때가 있습니다. 마치 주변에 유령이나 귀신이라도 있는 것처럼 말이죠. 이런 느낌을 현존감, 존재감 혹은 'Feeling of presence'를 줄여서 'FoP'라고 부르기도 합니다.

스위스 로잔연방공과대학EPFL 신경과학연구소 올라프 블랭크 교수는 2006년에 뇌전증(간질)을 일으키는 환자의 뇌의 일부를 제거하는 수술을 담당하게 됩니다. 이때 수술에서는 뇌에 자

극을 주면서 제거하지 않아야 할 부위를 골라냈는데 '측두-두정 피질'에 자극을 준 순간 환자가 자신의 뒤에 무언가가 있는 것처럼 느끼는 것을 확인했습니다.

이후 블랭크 교수는 평소 유령을 본다는 사람의 뇌를 연구했는데요. 이런 사람들에게 공통적으로 대뇌섬 피질(뇌섬엽), 두정-전두 피질, 측두-두정 피질에 이상 신호가 나타나는 것을 발견했죠. 그리고 측두-두정 피질에 자극을 주는 것으로 무언가 있다는 느낌을 받게 할 수 있다는 것을 밝혀냈습니다. 즉 나 혼자 있는데 누군가 날 보고 있다는 느낌을 받는 것은 착각이 아니라, 실제로 뇌가 느끼는 감각이었던 것이죠.

누군가가 날 쳐다보고 있다는 감각의 정체

블랭크 교수는 사람의 움직임을 전달받아 실시간으로 똑같이 움직이는 로봇을 만들었습니다. 그리고 뇌에 이상이 없는 사람들을 모아 로봇을 이용해 현존감에 대한 실험을 진행했죠. 실험에 참가한 사람들이 손을 움직이면 로봇도 동시에 손을 움직였는데, 손의 움직임이 참가자의 등에 전달될 수 있도록 로봇을 참가자 뒤에 위치시켰습니다.

예를 들어, 참가자가 오른손을 올리면 로봇도 오른손을 올려서 참가자는 오른쪽 등 부분에 움직임을 느끼게 되죠. 이때 참가자들은 안대를 써서 앞을 보지 못하는 상황이었지만 로봇이 실

로봇 팔 실험 장치를 이용한 현존감 실험 모습.

시간으로 움직이다 보니, 자신이 손을 움직였기 때문에 이런 느낌이 났다는 것을 인지했습니다.

이후 블랭크 교수는 로봇의 움직임에 딜레이를 줬습니다. 참가자들이 오른손을 올리면 로봇은 0.5초 뒤에 오른손을 올렸습니다. 그러자 참가자들은 뒤에 누군가가 있다고 느끼기 시작했습니다. 참가자 중 일부는 등 뒤로 느껴지는 감각이 너무 무서워서 실험을 중단하는 일도 있었습니다. 이것은 뇌가 신호를 전달받을 때 무언가 이상이 생겨서 시간차가 생긴다면 혼자 있어도 누군가가 같이 있다는 느낌을 받을 수 있다는 것을 뜻합니다.

우리가 몸을 움직이면 뇌는 내가 움직이고 있다는 것을 인지합니다. 하지만 뇌로 전달되어야 할 신호가 조금 늦게 도착해 뒤늦게 움직였다는 신호를 받게 되면, 내가 움직인 것이 아니라 다른 누군가가 움직인 것으로 착각하게 됩니다. 왜냐하면 현재의 나는 다른 행동을 취하고 있기 때문이죠.

즉 현존감은 실제로 뒤에 누군가가 있어서 느껴지는 감각이 아니라 과거 나의 움직임을 느끼는 거라고 말할 수 있습니다. 이러한 증상은 뇌에 이상이 있는 사람들이 자주 느끼지만, 이상이 없더라도 피로하거나 스트레스를 받으면 현존감을 느끼는 경우도 있다고 합니다.

아플 때 낮보다 밤에 더 몸이 아픈 이유?

아프지 않을 땐 건강의 소중함을 잘 모르다가 아프기 시작하면 건강의 소중함을 느끼게 됩니다. 몸 어딘가가 아프면 그것이 작든 크든 생활하는 데 지장을 주게 됩니다. 그런데 참 신기하게도 낮 시간대에는 괜찮았던 몸이 밤이 되어 자려고 하면 더 아파지는 경우가 있습니다. 잠들기 전 아픈 것이 더 심해지는 이유는 무엇일까요?

우리 몸을 지키는 면역 시스템

우리의 몸은 외부 물질에 대해 스스로를 지킬 수 있도록 면역 시스템이 설계되어 있습니다. 세균이 몸속으로 들어오면 면역 체계가 발동됩니다. 호중구, 대식세포 같은 백혈구가 대표적인 면역 체계 세포입니다. 면역 체계 세포 덕분에 사소한 질환의 경우 병원에 가지 않아도 면역 세포의 활약 덕분에 치료가 됩니다.

면역 체계 세포는 단독으로 행동하지 않고 우리 몸 내부에 있는 여러 물질과 함께 움직이는데요. 스트레스 호르몬이라고도 불리는 코르티솔은 맥박과 호흡을 증가시키고 혈당을 높여 위기 상황에 잘 대응할 수 있게 만들어주는 반면 면역 시스템을 약화시킵니다. 면역 시스템이 약화되면 백혈구가 활발하게 활동하지

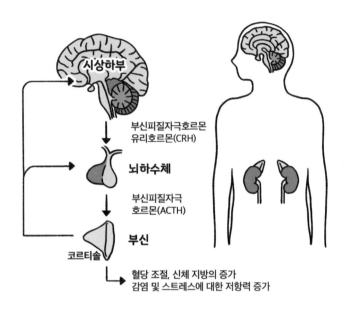

시상하부

부신피질자극호르몬
유리호르몬(CRH)

뇌하수체

부신피질자극
호르몬(ACTH)

부신

코르티솔

혈당 조절, 신체 지방의 증가
감염 및 스트레스에 대한 저항력 증가

못하죠.

코르티솔은 콩팥 위 부신피질에서 만들어지는 호르몬으로 하루 종일 같은 양이 만들어지는 것이 아니라, 아침에 가장 많이 만들이지고 밤이 될수록 양이 적어집니다. 코르티솔은 몸을 긴장 상태로 만들기 때문에 코르티솔이 분비되는 동안에는 잠에 드는 것이 쉽지 않습니다. 밤이 되면 잠에 쉽게 들도록 코르티솔의 양이 줄어드는 것이죠.

코르티솔이 적게 분비되어 면역 시스템이 강화되면 많은 백혈구가 세균을 죽이는 데 집중할 수 있습니다. 백혈구와 세균의 전투가 시작되면 염증 반응이 일어납니다. 열이나 두통이 나고, 코가 막히거나 통증이 오게 됩니다. 또한 피부가 빨개지거나 붓기도 하며 백혈구와 세균의 시체인 고름이 나오기도 하죠.

잠에 들기 전 우리의 몸이 아픈 것은 실제로 질환에 의해 아프다기보다 몸이 회복되는 과정에서 나타나는 긍정적인 현상입니다. 그러니 몸이 아프다면 잠을 잘 자는 것이 아주 중요한 것이죠.

───────────────────────────────

일단 알아두면 교양 있어 보이는 과학 용어

▸ 백혈구: 혈액 내 세포 중 하나로 병원균으로부터 우리 몸을 보호하는 기능을 한다.

▸ 코르티솔: 부신 겉질에서 분비되는 호르몬의 하나로 항염증 작용을 한다.

우리 몸은 왜
가려움을 느끼는 걸까?

가려움은 별것 아닌 증상처럼 생각할 수 있지만 꽤나 우리의 신경을 거슬리게 합니다. 손을 쓰지 못하는 상황인데 가렵거나, 손이 닿지 않는 곳이 가려운 경우 지금 당장 긁지 않으면 미칠 것 같은 느낌이 들기도 하죠.

그런데 때로는 아무리 긁어도 가려움이 해소되지 않거나, 몸의 일부를 절단한 사람의 경우 절단해서 없는 신체 부위에 가려움을 느끼는 경우가 있습니다. 대체 가려움은 왜 발생하는 것이며 어떻게 해야 없앨 수 있는 것일까요?

가려움이 생기는 대표적인 원인

가려움이 생기는 데는 여러 원인이 있습니다. 모기에 물렸을 때, 날씨가 건조할 때, 알레르기나 질환에 의해 가렵기도 하고 먼지나 머리카락 같은 무언가가 피부에 닿았을 때 가렵기도 합니다. 그리고 때로는 아무런 원인도 없는데 갑자기 가려운 경우도 있습니다.

왜 가려운지에 대한 정확한 이유는 아직 알 수 없지만 '히스타민'이라는 물질 때문이라고 추측하고 있습니다. 히스타민은 피부가 자극 받았을 때 방어를 하기 위해 분비되는 물질 중 하나입니다. 히스타민이 분비되면 모세혈관이 확장되어 더 많은 혈액이 흐르게 됩니다. 그래서 피부가 붓고 빨갛게 달아오르는 것이죠. 혈관이 확장되면 백혈구처럼 우리의 몸을 보호해주는 세포가 위험에 더 빠르게 대응할 수 있게 됩니다. 피부 속으로 들어온 외부 물질을 제거하거나, 혹은 들어올 가능성이 있는 외부 물질에 대해 만반의 준비를 하는 것이죠.

피부에는 감각을 느끼는 자유신경종말, 마이스너 소체, 루피니 소체, 크라우제 소체 같은 여러 감각신경이 있는데, 히스타민이 분비되면서 감각신경 중 자유신경종말을 자극해 가려움이 느껴지는 것입니다. 즉 가려움이란 피부에 자극을 주는 외부 물질을 제거하려는 일종의 방어 동작인 것이죠.

모기는 피를 빨 때 피가 굳지 않게 하기 위해 히루딘이라는 항

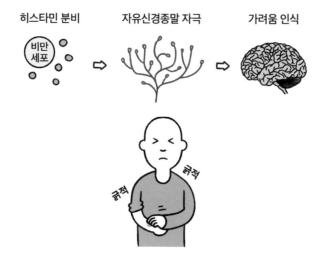

히스타민 분비　　　자유신경종말 자극　　　가려움 인식

비만
세포

응고제를 방출합니다. 항응고제는 외부의 유해 물질이기 때문에 이것을 제거하기 위해 히스타민이 분비됩니다. 모기에 물리면 가려운 이유는 모기가 가려움을 유발하는 물질을 넣어서가 아니라 우리 몸에서 히스타민이 분비되기 때문입니다.

그런데 때로는 아무리 긁어도 가려움이 해소되지 않는 경우가 있습니다. 가려워서 몸을 긁기 시작하면 뇌는 '가려움이 해소됐다'는 신호보다 '피부에 통증이 온다'는 신호를 먼저 받게 됩니다. 그러면 통증을 없애기 위해 뇌에서 신경전달물질인 세로토닌을 분비합니다. 이렇게 되면 통증도 가려움도 사라지기 때문에 가려운 고통에서 벗어날 수 있습니다. 하지만 세로토닌이 추

가로 분비되면 가려움을 뇌에 전달하는 뉴런을 자극해 또다시 가려움을 느끼게 됩니다. 그럼 또 가려운 곳을 긁게 되고, 뇌는 이것을 통증으로 인식해 또다시 세로토닌이 나와 뉴런을 자극하는 '가려움 무한 굴레'에 빠지는 것이죠.

신체가 절단된 부위에 느끼는 가려움, 환상통

가려움은 그 자체만으로도 큰 고통이지만 신체의 일부를 절단한 사람에게는 더 큰 고통을 주기도 합니다. 신체를 절단했음에도 마치 그 신체가 있는 것처럼 느껴지고 절단한 신체 부위의 가려움을 느끼는 경우인데요. 이 현상은 간지러운 부위를 실제로 긁을 수가 없어 가려움 해소하지 못해 미처버릴 정도로 고통스럽다고 합니다.

가려움뿐만 아니라 춥거나 아프기도 하고 운동을 하고 있는 듯한 느낌이 들기도 해서 '환상통'이라고 부릅니다. 환상통의 원인은 정확하게 밝혀지지 않았지만 절단된 신체가 있는 것으로 뇌가 착각하기 때문에 발생하는 것으로 알려져 있습니다. 절단되지 않았을 때의 고통을 뇌가 기억하고 있다가 절단된 이후에도 뇌가 절단된 사실을 인지하지 못하고 똑같은 고통을 전달하기 때문에 신체에 없는 부위지만 통증이 느껴지는 것이죠.

불행 중 다행으로 환상통은 거울을 이용해 어느 정도 치료가 가능하다고 합니다. 예를 들어 왼손을 절단했는데 왼손에 가려움이 느껴지면, 오른손을 거울에 비춘 뒤 긁는 행위를 하면 뇌는 왼손이 실제로 있는 것처럼 착각해 가려움이 해소되는 것이죠. 이렇게 거울을 이용해 절단된 부위가 마치 존재하는 것처럼 뇌를 속여 환상통을 치료할 수 있습니다.

일단 알아두면 교양 있어 보이는 과학 용어

▸ 히스타민: 신체에서 중요한 생리적 역할을 하는 화학물질로, 주로 혈관 확장, 면역반응, 염증 반응, 알레르기 반응에서 핵심적인 역할을 함.

▸ 환상통: 신체 일부가 절단되었거나 원래부터 없어 물리적으로 존재하지 않는 상태인데도 그 부위와 관련해서 체험하게 되는 감각.

뇌에는
왜 주름이 있는 걸까?

과거에 인간은 그렇게 강한 존재는 아니었습니다. 야생동물의 위협으로부터 쉽게 벗어날 수 없었죠. 하지만 시간이 흘러 지구에서 가장 강한 존재는 인간이 되었습니다. 이렇게 될 수 있었던 이유는 다른 동물에 비해 뇌가 발달했기 때문이죠. 발달된 뇌가 있기 때문에 우리는 생각하고, 학습하고, 기억하고, 인지할 수 있습니다.

지구에 살고 있는 대부분의 동물은 뇌를 가지고 있는데요. 겉모습이 각자 다른 것처럼 뇌의 모양도 각자 다릅니다. 다른 동물들의 뇌와 인류의 뇌를 비교해보면 한눈에 봐도 주름이 많이 진 것을 알 수 있습니다. 왜 이런 차이가 발생할까요? 대체 뇌의 주

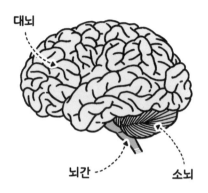

대뇌

뇌간

소뇌

름은 어떤 역할을 하길래 인간의 뇌에는 주름이 많이 있는 것일까요?

뇌에 대한 연구는 아직까지 밝혀지지 않은 비밀이 많이 있지만 현재까지 뇌는 사람의 행동을 제어하는 인체의 사령부로 알려져 있습니다. 흔히 말하는 '몸과 마음'에서 몸은 말 그대로 눈으로 보이는 사람의 형태를, 마음은 바로 뇌를 뜻하죠. 뇌는 생각, 학습, 기억, 인지, 감각, 감정, 행동, 운동신경, 호르몬 작용 등 여러 역할을 하기 때문에 단단한 뼈인 두개골이 뇌를 보호하고 있습니다.

뇌는 대뇌와 소뇌, 뇌간으로 나뉘어 있는데 척수와 연결된 뇌간은 호흡, 심장 박동 같은 신체 활동을 통제하는 곳이고 소뇌는 학습과 기억, 운동 능력을 주관하는 곳입니다. 대뇌는 감각, 언어, 정신, 호르몬 등의 역할을 하는 곳인데 좌뇌와 우뇌로 나뉘고 상당히 많은 주름이 있는 곳이죠.

대뇌피질에 유독 주름이 많은 이유

대뇌에 있는 주름을 '대뇌피질'이라고 하며 전두엽, 측두엽, 두정엽, 후두엽으로 나눌 수 있죠. 대뇌피질에 이렇게 많은 주름이 있는 이유는 한정된 공간에 많은 신경세포가 존재해야 하기 때문입니다. 하나의 덩어리로 있을 때보다 주름져있을 때 신경세포들이 더 많이 있을 수 있습니다. 인간이 다른 동물에 비해 월등히 똑똑한 이유는 바로 지능을 담당하는 대뇌피질의 뇌세포가 많이 존재하기 때문입니다.

실제로 인간의 뇌는 약 1.3~1.5킬로그램이고 코끼리의 뇌는 5킬로그램으로 코끼리가 더 뇌가 무겁지만, 지능을 담당하는 대뇌피질의 뉴런 숫자만 비교해본다면 인간은 약 160억 개, 코끼리

는 56억 개로 인간이 월등히 대뇌피질의 뉴런 숫자가 많습니다. 또한 뉴런이라고도 불리는 뇌 속에 존재하는 신경세포는 시냅스를 통해 연결되어 있는데, 이들이 더 많이 연결되면 연결될수록 지능이 높아진다고 합니다.

인간은 날카로운 발톱이나 이빨을 가지지 못했기 때문에 다른 야생동물에 비해 약할 수밖에 없었습니다. 생존을 위해선 지능이 발달해야 했는데, 직립보행을 하고 손으로 도구를 쓰기 시작하면서 뇌가 점점 더 발달할 수 있었습니다.

실제로 인류의 조상이라고 불리는 오스트랄로피테쿠스의 뇌와 비교해보면 현재 인류의 뇌가 더 많이 커진 것을 확인할 수 있죠. 하지만 머리의 크기는 한정적이기 때문에 뇌세포가 더 많이 생기기 위해선 주름이 많이 있는 지금의 뇌처럼 진화한 것이죠.

한 가지 신기한 사실은 임신 초기의 태아는 뇌에 주름이 거의 없다고 합니다. 이후에 시간이 지나면서 점점 뇌가 발달하고 주름이 생긴다고 하네요. 남아프리카공화국의 생물학자인 라이얼 왓슨은 이런 말을 했다고 합니다. "우리가 이해할 수 있을 만큼 두뇌가 단순했다면, 우리는 너무 단순해서 두뇌를 이해할 수 없었을 것이다."

인류가 지구를 정복할 수 있었던 이유?

인간은 날카로운 이빨을 가지고 있지도 않고, 강력한 발톱을 가지고 있지도 않고, 뭐든 부술 수 있는 턱을 가지고 있지도 않지만 현재 생태계 피라미드 최상층에 위치해 있습니다. 지구에 사는 동물 중에서 인간이 최정상에 군림할 수 있게 된 이유 중 하나가 바로 직립보행입니다. 인간은 직립보행을 하면서 두 손이 자유로워졌고, 도구를 사용하게 되면서 더욱 발전할 수 있었던 것이죠.

지구에 많은 동물이 있지만 펭귄을 제외하면 직립보행을 하는 동물을 찾기 힘듭니다. 직립보행을 하게 되면 척추에 무리가 가는 데다 발바닥에 가해지는 압력이 커집니다. 몸의 무게를 두 발

로만 버티기 힘들기 때문에, 자연계에는 직립보행보다 사족 보
행을 하는 동물이 더 많습니다.

하지만 인간은 두 발로 몸의 무게를 몇 시간이나 버티고 있을
수 있습니다. 심지어 오랜 시간 달리기도 가능하죠. 이렇게 두
발로 오랜 시간 서있을 수 있는 이유는 인간의 발바닥이 움푹 패
어있기 때문입니다. 발바닥 뼈 같은 곡선 형태의 구조를 '아치'
라고 합니다. 아치는 건물의 입구, 다리, 터널을 만들 때 자주 사
용하는 방식으로 별도의 지지대가 없어도 엄청난 하중을 견딜
수 있다는 특징이 있죠.

인간만이 가진 발바닥 아치의 비밀

만약 건물 입구를 사각형 형태로 만든다면 위에서 누르는 힘
이 한곳에 집중되어 금방 무너지게 될 것입니다. 아치는 사다리

건축물에 자주 활용되는 아치 구조의 모습.

꼴 모양의 쐐기를 연결해 만드는 것으로 위에서 누르는 힘이 곡
선을 따라 아래로 분산되기 때문에 건물의 하중을 견딜 수 있습
니다.

아치는 건물뿐만 아니라 우리의 발에서도 찾아볼 수 있는데
요. 발바닥을 이루고 있는 뼈 모양 자체가 아치 모양으로 되어있
어 발바닥이 움푹 들어가 있는 것이죠. 아치 모양의 뼈 덕분에
인간은 직립보행을 할 수 있고, 오랜 시간 두 발로 걷고 뛸 수 있
는 것입니다.

미국 예일대학교의 마두수단 벤카데산 교수는 인간의 발바닥
은 세로형 아치와 가로형 아치 총 두 개의 아치를 가지고 있는
데, 이 중 가로형 아치가 더 중요한 역할을 하고 있다고 밝혔습

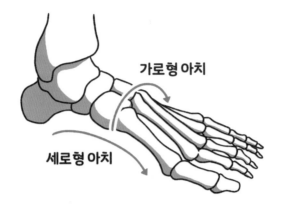

가로형 아치

세로형 아치

니다. 연구팀은 발 모양을 본뜬 모형을 만들어 아치의 힘이 얼마나 되는지에 대한 실험을 진행했는데, 세로형 아치를 제거했을 땐 발의 힘이 23퍼센트만 감소한 반면, 가로형 아치를 제거했을 땐 발의 힘이 40퍼센트 이상 감소했다고 합니다.

지구에 있는 모든 영장류 중 오직 인간만이 가로형 아치를 가지고 있다고 합니다. 만약 인간이 세로형 아치만 가지고 있었다면 직립보행은 불가능했을 것이라고 말하기도 합니다. 그만큼 가로형 아치가 직립보행을 하는 데 중요한 역할을 하고 있다는 것이죠.

추가로 세로형 아치가 무너질 경우 발바닥에 움푹 패인 부분이 없는 평발이 되고, 가로형 아치가 무너질 경우 발가락이 벌어지고 발볼이 넓어지게 됩니다. 이런 발을 개장족이라고 부르기도 하죠. 아치는 직립보행을 하는 데 중요한 역할을 하기 때문에 아치가 무너진 발을 가진 사람은 오래 걷거나 뛸 때 큰 불편함을 느끼게 됩니다.

▸ 아치: 상부 하중을 지탱하기 위하여 개구부에 걸쳐 놓은 곡선형 구조물.

고환으로
맛을 느낄 수 있다고?

우리는 고환을 가지고 있느냐, 난소를 가지고 있느냐에 따라 남자와 여자로 나뉘게 됩니다. 남자의 고환은 근육과 골격을 발달시켜주는 역할을 하는 '안드로겐(테스토스테론)'이라는 남성호르몬을 만듭니다. 또한 정자를 만들어 자식을 남길 수 있게 해주죠. 그런데 고환으로 할 수 있는 놀라운 기능이 한 가지 더 있는데요. 고환으로 맛을 느낄 수 있다면 여러분은 믿으시겠어요?

음식이 혀에 닿게 되면 미뢰에 있는 미각 수용체가 반응하면서 맛을 느낄 수 있는데, 남성호르몬을 만들어내는 고환에도 이런 미각 수용체가 존재해 맛을 느끼는 것도 가능하다는 연구 결과가 나왔습니다. 이 연구를 본 일부 사람들은 자신의 고환에 음식물을 대고 실제로 맛이 느껴지는가를 실험하는 해프닝도 있었습니다. 그런데 고환으로 음식물을 먹는 경우는 없을 텐데 왜 고환에 맛을 느낄 수 있는 미각 수용체가 있는 것일까요?

온몸에 퍼져 있는 미각 수용체

음식에 대한 정보가 거의 없던 과거에는 안전한 음식, 위험한 음식을 구분해내기 위해선 직접 먹어보는 수밖엔 없었습니다. 음식에서 단맛, 짠맛이 난다면 안전한 음식일 확률이 높고, 쓴맛, 신맛이 난다면 위험한 음식으로 받아들였죠. 특히 쓴맛은 생존과 밀접한 관련이 있었습니다. 쓴맛은 주로 알칼로이드라는 성분에서 느껴지는데, 알칼로이드는 식물이 천적으로부터 자신을 보호하기 위해 사용하는 물질로 독성을 띠는 경우가 많습니다.

그렇기 때문에 인류는 생존을 위해 쓴맛을 얼마나 잘 구분해내는지가 아주 중요했습니다.

쓴맛이 몸에 들어오면 쓴맛 수용체가 쓴맛을 감지하고, 신체는 위험한 것이 들어왔다고 판단해 몸을 보호할 준비를 합니다. 쓴 음식을 먹었을 때 인상이 찌푸려지며 뱉고 싶어지는 이유는 우리 몸의 방어 체계가 작동하는 것이라고 볼 수 있습니다. 이런 미각 수용체는 혀뿐만 아니라 소화기관, 호흡기관 그리고 고환에서도 발견됩니다.

장에 있는 미각 수용체는 단맛을 구분해 포도당이 잘 흡수될 수 있게 도와주고, 기도와 폐에 있는 미각 수용체는 쓴맛을 구분해 위험한 물질로부터 방어할 수 있는 세포를 활성화시키는 역할을 합니다. 고환에 있는 미각 수용체는 건강한 정자를 만들고 정자의 양을 조절하는 역할을 한다고 합니다. 이렇게 만들어진 정자에도 맛을 느낄 수 있는 미각 수용체가 존재합니다.

이처럼 고환을 포함한 몸의 여러 기관에는 미각 수용체가 있지만 혀에 있는 미각 수용체처럼 뇌와 연결된 것이 아니기 때문에 우리가 직접 맛을 느낄 수는 없습니다. 게다가 고환이 맛을 느끼는 것이지 고환을 감싸고 있는 '음낭'이라고 부르는 피부가 맛을 느낄 수 있는 것은 아니므로, 고환에 음식을 가져다 대도 맛을 느끼는 것은 불가능한 일이라고 합니다.

잠을 안 자면
어떻게 될까?

하루 24시간은 매일 똑같이 주어지지만 때로는 이 시간이 너무 짧게 느껴지는 경우가 있습니다. 우리나라 사람의 평균 수면 시간은 7시간 정도로 하루에 약 3분의 1을 자면서 보내게 됩니다. 그래서 24시간이 너무 짧다고 느껴질 때는 잠을 줄이거나 잠을 자지 않고 부족한 시간을 채우곤 합니다. 생각해보면 애초에 잠을 자지 않으면 하루 24시간을 온전히 사용할 수 있으니 더 여유로운 생활이 가능해질 것 같은데, 사람은 왜 잠을 자는 걸까요? 만약 계속해서 잠을 자지 않으면 어떻게 될까요?

평균 수명을 80년으로 봤을 때, 우리가 일생 동안 잠을 자는 시간은 약 25년 정도라고 합니다. 이 숫자로만 본다면 잠을 잔다는 것은 꽤 오랜 시간을 낭비하는 것 같지만, 결과적으로는 우리가 잠을 자지 않는다면 나머지 55년을 제대로 살아갈 수 없게 됩니다. 우리는 활동하는 동안에 많은 것을 보고, 듣고, 느끼고, 맛봅니다. 낮 동안 다양한 경험을 통해 뉴런들이 굉장히 다양한 시냅스 연결(기억)을 만들어냅니다.

잠이 중요한 이유는 잠을 자는 동안 우리의 뇌가 낮 시간에 받아들인 정보를 정리하기 때문입니다. 불필요한 시냅스 연결은 끊어지고, 중요한 시냅스 연결은 견고화 과정을 거치게 됩니다. 그렇기에 만약 잠을 자지 않는다면 기억력에 문제가 생기게 됩니

다. 청소를 하지 않고 생활하면 집안이 쓰레기로 가득 차는 것처럼 뇌 역시 깨어 있는 시간 동안 불필요한 물질(베타아밀로이드, 타우단백질)이 쌓이게 됩니다. 불필요한 물질이 쌓인 뇌를 청소할 때 필요한 대표적인 물질이 '뇌척수액'입니다. 뇌척수액은 우리가 잠들었을 때 가장 활성화되는데, 뇌척수액이 뇌에 쌓인 불필요한 물질을 없애주는 것을 '글림프 시스템'이라고 합니다.

글림프 시스템이 없을 때 벌어지는 일

만약 잠을 자지 않는다면 뇌가 청소되지 못하므로 뇌 기능이 정상적으로 작동하지 못해 뇌세포가 점점 손상됩니다. 평소보다 생각이나 판단하는 것이 둔해지고 면역력이 떨어져 여러 질병에 노출될 수 있습니다. 대장암, 고혈압, 뇌졸중, 치매의 원인이 되기도 하며, 심한 경우 환각을 느끼거나 사망하는 경우도 있습니다. 1964년 당시 17살이었던 랜디 가드너는 11일 하고도 25분 동안 잠들지 않아 기네스북에 이름을 올리기도 했습니다. 그는 깨어있는 동안 반응이 느려졌고, 신경질적으로 변하거나 망상이나 환각에 빠지기도 했고, 기억 상실을 겪었습니다.

잠은 피로를 회복하는 데 가장 효과적인 수단이기도 합니다. 몸에 피로가 쌓이면 아데노신이라는 물질이 아데노신 수용체와 결합해 잠을 유발합니다. 커피를 마시면 잠시나마 졸음이 달아

24시간째

혈중 알코올 수치
0.1% 상태의
인지 기능

48시간째

혈류 내 염증 수치 및
혈압 증가로
심혈관계 타격

72시간째

뇌 및 신체 기능
총체적 난국,
감각 둔화로 '좀비화'

나게 되는데요. 이는 커피에 있는 카페인이 아데노신 대신 아데노신 수용체에 들러붙어서 잠을 유발하는 신호를 방해하기 때문에 각성 상태를 유지할 수 있는 것입니다.

이처럼 잠은 인간에게 꼭 필요한 것입니다. 인간뿐만 아니라 동물 역시 마찬가지이죠. 모든 생물은 생존에 유리한 방향으로 진화해왔습니다. 잠을 자는 동안에는 앞을 볼 수 없고 어떤 행동도 할 수 없기 때문에 생존에 불리한 상태가 되지만, 잠을 자지 않는 것보다 잠을 자는 것이 생존에 더 유리했기 때문에 우리는 계속 잠을 자고 있습니다.

> **일단 알아두면 교양 있어 보이는 과학 용어**

▸ 뇌척수액: 거미막 밑 공간, 뇌실 및 척추의 중심관을 채우고 있는 액체.

▸ 아데노신: 멜라토닌과 함께 수면을 관장하는 물질.

내가 길치인
과학적인 이유?

　낯선 곳에 갔을 때 길을 잘 찾지 못하는 사람, 아니 익숙한 곳이라고 하더라도 목적지에 도착하는 것이 쉽지 않은 사람을 우리는 '길치'라고 부릅니다. 길치는 아무리 자주 다니는 곳이라도 처음 와본 것처럼 행동하고, 낮에 보는 길과 밤에 보는 길을 다르게 느낍니다. 그렇기에 목적지에 도착하기까지 아주 오랜 시간이 걸려 주변 사람들을 답답하게 만들죠. 그렇다면 길치도 유전적으로 타고나는 걸까요? 길을 찾는 능력, 위치, 방향, 거리에 대한 정보는 뇌가 얼마만큼 일을 잘하느냐에 따라 결정됩니다.

　우리가 보는 모든 깃들은 단기 기억으로 저장됩니다. 이후 해마에 의해 단기 기억은 장기 기억으로 바뀌고 대뇌피질에 저장

됩니다. 저장된 기억이 필요한 상황이 되면 해마는 기억을 꺼내 우리가 행동할 수 있게 합니다. 과거에는 길을 찾는 것도 이와 같은 원리일 것이라 생각했습니다. 해마는 공간을 기억하는 역할도 같이 하기 때문이죠.

1971년 신경 과학자인 존 오키프는 '쥐 길 찾기 실험'을 통해 길을 찾는 데 도움을 주는 신경세포가 해마에 존재한다는 것을 알아냈습니다. 늘 가는 길이 익숙한 이유는 그 장소를 신경세포가 기억하고 있기 때문이죠. 그래서 이 세포를 '장소 세포space cell'라고 부릅니다.

예를 들어, 집에서 나와 버스 정류장까지 간다고 하면 집 현관에서 나오는 순간에는 집 현관과 관련이 있는 장소 세포가 활성화 됩니다. 그리고 특정 건물을 지나면 특정 건물과 관련이 있는 장소 세포가 활성화되면서, 목적지에 도착하기 위해 어디로 가야 하는지 알 수 있게 됩니다. 장소 세포는 설치류뿐만 아니라 박쥐, 원숭이 그리고 인간을 포함한 다양한 동물이 갖고 있습니다.

길 찾기의 핵심인 신경세포의 발견

2005년 신경 과학자인 마이브리트 모세르와 에드바르 모세르 부부는 해마 옆에 존재하는 내후각 피질에서 길을 찾는 데 중요한 역할을 하는 또 다른 세포를 발견했습니다. 이 세포가 활성화되는 모습을 관찰해보니 일정한 간격을 두고 격자무늬를 그린다고 해서 '격자 세포grid cell'라고 부릅니다.

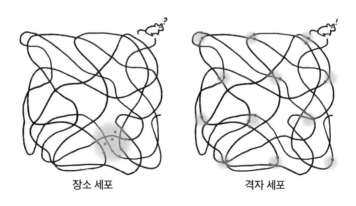

장소 세포   격자 세포

격자 세포는 내가 지금 어디에 있는지 특정 장소로부터 얼마나 왔는지 알 수 있게 해줍니다. 뇌가 장소를 구역으로 나눠 머릿속에 기억하고 있다는 뜻이죠. 쉽게 말해 장소 세포가 지도를 그려준다면 격자 세포는 지도에 좌표를 찍어주는 것입니다. 우리 뇌 속에는 스마트폰 지도와 GPS가 탑재되어 있는 것이죠. 이런 발견 덕분에 오키프와 모세르 부부는 2014년 노벨상을 받기도 했습니다.

길을 찾을 때 장소 세포와 격자 세포가 정보를 주고받는데, 길을 잘 찾는 사람은 이들의 상호작용이 잘 이루어지고 있다는 뜻이고, 길을 잘 찾지 못하는 길치는 이들의 상호작용이 잘 이루어지지 않고 있다는 뜻입니다.

다른 예로 알츠하이머에 걸린 사람은 평소 자주 다니던 길도 갑자기 잃어버리는 경우가 있는데 이 역시 장소 세포와 격자 세포가 손상되었기 때문이라고 합니다. 장소 세포와 격자 세포의 발견은 길치를 치료하거나 알츠하이머, 인지능력 장애를 치료하는 네 큰 도움을 주고 있습니다.

꿈에서는
왜 주먹이 느리게 나갈까?

　꿈속에서 우리는 무엇이든 할 수 있습니다. 하늘을 날 수도 있고 순간 이동을 할 수도 있고 엄청난 부자가 될 수도 있습니다. 또한 꿈속에선 여러 가지 상황이 발생하기도 합니다. 때로는 누군가와 싸우기도 하죠. 그런데 참 이상하게 꿈속에선 주먹이 엄청 느리게 나갑니다. 아무리 빠르게 휘두르려고 해도 슬로우 모션이 걸린 것처럼 행동해 답답함이 느껴지기도 합니다.

　상대는 아주 여유 있게 내 주먹을 다 피하는데, 어쩌다 한 대 때려도 전혀 타격감이 없습니다. 이때 도망가려고 해도 달리기가 말도 안 되게 느려 잘 도망가지도 못합니다. 대체 내가 주인공인 내 꿈에서 이렇게 느리게 행동하는 이유는 무엇일까요?

감각기관이 잠들었을 때 꿈을 꾼다면

우리는 많은 감각기관을 가지고 있습니다. 눈으로 무언가를 보고, 코로 냄새를 맡고, 혀로 맛을 보고, 귀로 소리를 듣고, 피부로 무언가를 느끼죠. 감각기관이 수집한 정보는 뇌로 들어가게 되고 다음 행동에 대한 명령을 내립니다. 예를 들어, 위험한 것이 다가오면 피하라고 하거나, 맛없는 것을 먹으면 뱉으라는 식이죠. 감각기관을 통해 얻은 정보를 바탕으로 어떻게 움직이는 것이 가장 좋을지를 계산한 뒤 근육과 신경을 통해 구체적인 명령을 내리는 것이죠.

우리가 잠을 자는 동안에는 대부분의 기관이 휴식을 취하지만 뇌는 여전히 활동을 합니다. 그날 있었던 일들을 정리하며 필요 없는 기억은 지워버리고 필요한 기억은 장기 기억으로 전환해 더 오래 기억할 수 있게 해줍니다. 이때 내가 경험한 것들과 감각기관을 통해 수집한 정보가 무작위로 조합돼 재생되는데, 이것이 바로 꿈입니다. 그렇기에 꿈에서는 내가 알고 있지 못한 정보는 등장하지 않는다고 합니다.

예를 들어, 좀비 영화를 보고 잤더니 꿈에 좀비가 등장했습니다. 꿈속에서 좀비와 싸우거나 도망치거나, 둘 중 하나를 선택해야 합니다. 평소라면 여러 가지 정보들이 뇌로 전달되고 뇌는 이것을 종합해 적절한 명령을 내렸겠지만, 꿈을 꾸는 동안에는 감각기관이 쉬고 있기 때문에 정보가 뇌로 전달되지 않아 적절한

명령을 내리지 못합니다. 주먹을 얼마나 빨리 휘둘러야 하는지 다리를 얼마나 빨리 움직여야 하는지 전혀 판단하지 못하는 것이죠. 결국 뇌는 정보를 추측할 수밖에 없게 됩니다. 이런 이유 때문에 평소보다 주먹이 느리게 나가고 다리가 빨리 움직여지지 않는 것입니다.

그렇다고 해서 꿈을 꾸다가 죽는 것을 걱정할 필요는 없습니다. 주인공은 죽지 않는다는 법칙이 꿈에서도 적용되기 때문이죠. 꿈속에 있는 내가 이것이 꿈인 것을 알고 있고 꿈 세계를 조종할 수 있는 현상을 루시드 드림Lucid Dream, 자각몽이라고 합니다. 루시드 드림이라는 용어는 1822년에 태어난 마리 장 레옹이라는 사람이 처음 이름 붙인 것으로 알려져 있습니다.

그는 13세 때부터 꿈 일기를 썼으며 꿈을 조종하는 것에 굉장히 능숙했다고 합니다. 그런데 그런 그조차 해내지 못한 것이 있으니 바로 꿈속에서 죽는 일입니다. 분명 꿈을 완벽하게 통제하고 있었지만 높은 곳에서 떨어져 죽으려고 하면 땅에 닿는 순간 장면이 전환되었고, 차에 치여 죽으려고 하면 갑자기 차가 사라져버려 죽을 수 없었다고 합니다. 우리가 죽음 이후를 경험하지 못했기 때문에 꿈에서도 죽을 수 없는 것으로 추측하고 있습니다.

현재 꿈을 꾸고 있는 뇌를 MRI로 촬영한 뒤 이것을 영상화하는 기술을 개발하고 있다고 합니다. 만약 이것이 현실화되면 잊고 싶지 않은 꿈의 한 장면을 USB에 담아 평생 보관하는 것이 가능해질 수도 있다고 합니다.

사실 우리가 무언가를 보거나 꿈을 꾸면서 상상을 하면 우리 뇌에서는 그것을 해석하고 보는 것과 관련된 일을 하는 뇌 부위가 활성화됩니다. 그런데 우리가 무엇을 보고 무엇을 생각하냐에 따라서 아주 미세하게 뇌에서 활성화되는 패턴들이 다 다릅니다. 이러한 활성화 패턴을 fMRI라는 장비를 통해 정밀하게 하나하나의 차이점을 가려내고, 이 패턴의 규칙을 찾을 수 있습니다. 이런 패턴화된 하나하나의 정보를 이미지화시키는 기술까지 개발되어, 현재는 인공지능을 활용해서 노이즈가 많았던 이미지를 더욱더 정교하게 만드는 것까지 발전했다고 합니다.

일단 알아두면 교양 있어 보이는 과학 용어

▶ 루시드 드림(자각몽): 자신이 꿈을 꾸고 있다는 것을 인식하는 상태에서 꿈을 꾸는 것.

모기가 갑자기
시야에서 사라지는 이유?

매년 여름이 되면 찾아오는 불청객 모기. 때로는 모기를 잡기 위해 모기를 좇다 보면 어느 순간 모기가 시야에서 사라지는 경험을 하게 됩니다. '모기가 순간 이동을 한 것인가? 스텔스 기술을 가지고 있는 것인가?' 하는 생각이 들기도 하죠. 도대체 어떻게 이런 일이 발생하는 걸까요?

이런 현상은 모기뿐만 아니라 다른 벌레를 눈으로 좇을 때도 발생합니다. 어떤 물체에서 빛이 반사되어 눈으로 들어오면 각막을 통과해 동공을 거쳐 수정체로 이동합니다. 각막과 수정체는 빛을 굴절시키고 망막에 초점을 맞춥니다. 망막의 광 수용기가 빛을 신경 신호로 변화시키고, 신호는 시신경을 통해 뇌로 전

모기가 순간 이동을 하나...?

달됩니다. 뇌가 신호를 처리해 이미지를 만들어내면 우리는 그 물체를 볼 수 있습니다.

이 과정은 꽤 복잡하지만 아주 빠르게 이루어지죠. 이런 과정을 거쳐 물체를 인식하기에 우리의 눈은 무엇이든 볼 수 있을 것 같지만 한계점이 있습니다. 빛이 깜빡이는 것을 '플리커'라고 하는데 이런 플리커 현상을 느낄 수 없는 최소 단위를 '임계융합주파수'라고 합니다.

예를 들어, 빛이 1초에 24번 깜빡이면 그 깜빡임이 보이지만, 25번 깜빡였을 땐 깜빡이는 것이 느껴지지 않는다면 임계융합주파수는 25헤르츠가 됩니다. 사람의 임계융합주파수는 60헤르츠 정도 된다고 합니다. 다시 말해 눈이 볼 수 있는 속도보다 더 빠르게 움직인다면, 우리는 그 움직임을 따라가지 못한다는 것이죠.

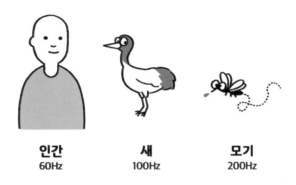

임계융합주파수

인간	새	모기
60Hz	100Hz	200Hz

임계융합주파수는 사람에 따라 다르게 나타나기도 하지만 동물에 따라 다르게 나타나기도 합니다. 새는 임계융합주파수가 100헤르츠 이상으로 사람이 1초에 보는 장면보다 더 많은 장면을 보기 때문에, 숲속을 빠르게 날아다니지만 나무에 부딪히는 일은 없는 것이죠.

연구에 따르면 꿀벌은 임계융합주파수가 200헤르츠 이상 되고, 파리나 모기 역시 임세융합수파수가 벌처럼 200헤르츠 이상 된다고 합니다. 그렇기 때문에 파리나 모기를 손으로 빠르게 잡았다고 생각하더라도 막상 손바닥을 보면 없는 경우가 많은데, 이것은 모기나 파리 입장에선 손바닥이 다가오는 모습이 굉장히 느리게 보여 쉽게 피할 수 있기 때문입니다.

모기를 잡을 수 없는 과학적인 이유

파리와 모기의 움직임은 우리가 생각하는 것보다 훨씬 빠릅니다. 파리나 모기는 최고의 비행 능력을 가지고 있는 것으로 평가받는 잠자리만큼의 비행 능력을 가지고 있는 것으로 알려져 있습니다. 비행기가 곡선을 그리며 방향을 바꾸는 것을 선회라고 하는데 파리와 모기는 선회 속도가 아주 빠르다고 합니다. 그리고 후진, 360도 턴, 제자리 비행이 가능하며 갑자기 속도를 줄이는 것까지 가능하다고 합니다. 공중에서 펼칠 수 있는 거의 모든 기술을 사용하는 것이죠.

그나마 파리는 몸집이 크기 때문에 이런 곡예를 펼쳐도 쉽게 눈에 띕니다. 하지만 모기의 경우 파리보다 훨씬 작기도 하고 곡예를 펼치는 속도가 우리의 안구 회전 속도보다 빠르기 때문에 집중해서 본다고 하더라도 갑자기 시야에서 사라지게 됩니다. 마치 순간 이동이라도 한 것처럼 말이죠.

하지만 모기는 이렇게 뛰어난 비행 실력을 가지고 있지만 안타깝게도 저질 체력을 가진 덕분에 한번 곡예를 펼치고 나면 체력 회복을 해야 해서 벽이나 천장 근처에 앉아 있는 경우가 많다고 합니다. 그러니 모기나 다른 벌레를 눈으로 좇다가 갑자기 놓쳤다고 해서 자신의 시력을 의심할 필요는 없습니다.

PART 02

알면 알수록 경이로운 우주의 수수께끼

우주에서 구토를 하면 어떻게 될까?

멀미는 어떨 때 주로 하게 되나요? 보통 눈으로 보는 정보와 균형을 담당하는 전정기관이 느끼는 정보가 다를 때 우리는 멀미를 하게 됩니다. 즉 눈은 스마트폰을 보고 있어 시야에 큰 변화가 없는데, 타고 있는 자동차가 위아래로 흔들려 전정기관이 움직임을 느끼면 두 개의 다른 정보가 뇌로 들어오게 되면서, 뇌가 혼란을 느껴 멀미를 하게 됩니다.

멀미를 하면 뭔가 속이 울렁울렁하고 안에 있는 것이 올라올 것 같은 느낌이 드는데 이것이 심해지면 구토를 하게 됩니다. 멀미는 지구에서만 생기는 것이 아니라 우주에서도 생기는데 중력의 변화에 제대로 적응하지 못한 결과입니다. 이것을 '우주

멀미'라고 하는데, 우주인의 50퍼센트가 우주 멀미를 경험한다
고 합니다.

우주 멀미는 왜 생길까?

우주에 나가면 중력을 느낄 수 없습니다. 그래서 우리는 우주
를 무중력 상태라고 말하곤 하죠. 하지만 지구 근처의 우주라면
여전히 지구의 중력을 받고 태양계에 속하는 우주라면 태양의
중력을 받기 때문에 완전한 무중력이라고 할 수 없습니다. 그래
서 무중력 상태라고 말하는 것이 아니라 무중량 상태라고 말하
기도 합니다.

어쨌거나 우주는 무중량 상태이기 때문에 무언가가 움직일 때 진행 방향에 움직임을 방해하는 다른 무언가가 없다면 멈추지 않고 진행하던 방향으로 계속해서 움직이게 됩니다. 구토를 하면 몸에 있는 음식물과 위액이 입 밖으로 나오게 되죠. 지구에서는 중력 때문에 이런 토사물이 아래로 쏟아지지만, 우주에서는 입을 벌린 방향으로 토사물이 발사됩니다. 만약 토사물의 움직임을 방해하는 장애물이 없다면 토사물은 멈추지 않고 계속 움직이다가 어떤 행성 근처로 가면 중력의 영향을 점점 더 받게 되면서 그쪽으로 빨려 들어갈 것입니다.

우주선이나 우주정거장 내부에서 구토를 하게 되면 주변에 있는 장비가 토사물의 움직임을 방해하고 토사물은 장비에 스며들어 장비를 고장낼 것입니다. 이것을 대비하기 위해 우주에

는 '바프 백'barf bag이라고 불리는 멀미용 봉투가 항상 준비되어 있다고 합니다. 이들이 사용하는 바프 백은 토사물을 장기간 보관해야 하기 때문에 튼튼하게 설계된 지퍼백 형태로 만들어진다고 합니다.

우주 한복판에서 구토가 나오려고 할 때 대처법

우주 비행사가 우주선 밖으로 나와 활동을 하는 것을 '우주유영'이라고 하는데, 이때는 우주복을 입고 헬멧을 써야 합니다. 우주유영 중 구토가 나오려고 하면 어떨까요? 이것은 최악의 상황입니다. 토사물이 헬멧에 묻게 되어 우주비행사의 시야를 방해

우주에서 구토가 나올 것을 대비해 우주비행사는 이와 관련한 고강도 훈련을 받는다.

할 뿐만 아니라 눈이나 입으로 다시 들어갈 수 있어 자칫 호흡에 영향을 줄 수도 있습니다.

우주에선 헬멧을 벗을 수 없기 때문에 우주유영 중 구토를 하게 되면 빠르게 복귀해 헬멧을 벗어야 합니다. 만약 그러지 못하면 토사물이 산소 순환 시스템을 고장내 사망하게 될지도 모릅니다. 이런 상황을 방지하기 위해 구토를 할 정도로 몸에 문제가 있는 사람은 우주유영을 금지한다고 합니다.

일단 알아두면 교양 있어 보이는 과학 용어

▸ 우주유영: 우주 비행사가 우주 공간을 비행하는 중에 우주선 밖으로 나와 무중력 상태에서 행동하는 일.

왜 하트 모양
행성은 없는 걸까?

수성, 금성, 지구, 화성, 목성, 토성, 천왕성, 해왕성. 모두 태양계를 이루고 있는 행성들입니다. 이들은 다른 이름, 다른 특징을 가지고 있지만 어떻게 된 것인지 모양은 모두 둥근 모양으로 똑같습니다. 마치 누군가 '행성은 둥근 모양으로 만들어야지' 하고 정한 것처럼 말이죠. 그렇다면 왜 하트 행성이나 삼각형, 사각형 모양의 행성은 없는 걸까요?

질량을 가지고 있는 모든 물질은 서로 끌어당기는 힘을 가지고 있습니다. 이것을 중력이라고 하죠. 중력은 질량이 클수록 커지기 때문에 질량이 작은 물질은 질량이 큰 물질 쪽으로 끌어당겨집니다. 행성은 어느 날 갑자기 뿅! 하고 나타난 것이 아니라 우주에 떠다니던 물질이 중력에 의해 서로 부딪히고 합쳐져 서서히 만들어진 것입니다.

만약 대각선 방향의 중력이 약하고, 다른 방향의 중력이 강하다면 물질이 점점 삼각형 모양으로 변하게 될 것입니다. 상하좌우 방향의 중력이 강하고, 다른 방향의 중력이 약하다면 물질은 사각형 모양으로 뭉쳐지게 되겠죠. 하지만 중력은 거리가 같다면 방향과 관계없이 언제나 같은 힘이 작용하기 때문에, 중력에 따라 물질이 합쳐지면서 점점 둥근 모양이 되는 것입니다.

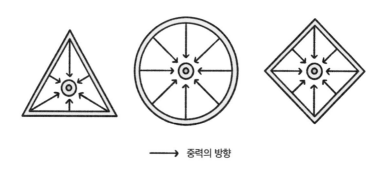

→ 중력의 방향

모든 것을 끌어당기는 힘, 중력

높은 곳에 있는 물체는 중력에 의해 낮은 곳으로 떨어집니다. 즉 중심에서 먼 곳에 있는 물체는 중심에서 가까운 곳으로 옮겨진다고 할 수 있죠. 이런 식으로 중심에서 가까운 곳이 채워지다

보면 표면의 높이가 어느 정도 같아지게 됩니다. 중력은 공기나 물도 끌어당깁니다. 그래서 중력이 누르는 힘인 압력이 발생하게 되죠.

우리가 평소 느끼는 압력은 1기압으로, 이것은 약 1킬로그램의 힘이 1제곱센티미터 면적을 누르는 정도입니다. 중력은 중심부로 갈수록 강해지기 때문에 압력도 중심부로 갈수록 강해집니다. 세계에서 가장 깊은 해구로 알려진 마리아나 해구 챌린저 해면의 경우 수심이 11킬로미터 정도 되는데, 여기서 느끼는 압력은 약 1,100기압으로, 이는 1제곱센티미터 면적에 약 1톤의 힘이 작용하는 정도입니다. 이는 해수면에서 느끼는 압력보다 약 1,000배나 높습니다.

지구 중심부로 가면 이 힘은 더 강해지기 때문에 행성이 만들어지는 과정에서 불규칙한 모양의 물질이 합쳐진다 하더라도 압력에 의해 부서지고 변형돼 평평한 모양으로 바뀌게 됩니다. 즉

질량이 작은 소행성은 둥근 모양이 아닌 불규칙한 모양이다.

행성은 중력과 압력 때문에 둥근 모양으로 만들어지는 것입니다. 우리가 눈을 뭉칠 때 어떤 곳이든 동일한 힘을 준다면 둥근 모양이 되는 것과 비슷한 원리라고 할 수 있습니다.

그런데 일부 소행성의 경우 둥근 모양이 아니라 불규칙한 모양을 하고 있습니다. 이것은 소행성의 질량이 너무 작아 중력과 압력에 의해 모양이 바뀌지 않기 때문입니다. 소행성의 질량은 지구와 비교하면 지구 질량의 0.000000007퍼센트밖에 안 되기 때문에 모양을 바꿀 수 있는 충분한 힘을 가지고 있지 않아 둥근 모양이 아닌 것입니다.

밝게 빛나는 태양이 있는데, 우주는 왜 어두울까?

우리가 사는 세상이 매일 아침마다 밝아지는 이유는 태양이 있기 때문입니다. 지구가 자전해 태양이 가려지는 밤이 되면 온 세상이 어두워지죠. 태양은 언제나 우주에서 밝게 빛나고 있습니다.

그런데 생각해보면 이상합니다. 태양 때문에 밝은 세상을 볼 수 있는 것이라면 언제나 밝게 빛나는 태양이 있는 우주 역시 언제나 밝아야 하는데 실제로는 밤처럼 깜깜합니다. 마치 태양이 없는 것처럼 말이죠. 태양이 있는데도 우주가 어두운 이유는 무엇일까요?

스스로 빛을 내는 별, 항성

태양처럼 핵융합을 통해 스스로 빛을 내는 천체를 별 또는 항성이라고 합니다. 우주에는 수많은 항성이 있고, 그중 우리 은하에만 5,000억 개 이상의 항성이 있을 것으로 추측하고 있습니다. 이러한 항성을 공전하는 천체를 행성이라고 부릅니다. 행성은 핵융합이 일어나지않아 스스로 빛을 낼 수 없죠. 하지만 행성은 스스로 빛을 내지 못해도 항성에서 나온 빛을 반사해 빛을 냅니다.

우리가 무언가를 보기 위해선 그 무언가에서 반사된 빛이 우리의 눈으로 들어와야 합니다. 빛이 들어오지 못하면 아무것도 볼 수 없죠. 지구의 위성인 달은 스스로 빛을 내지 못하지만 태양에서 나온 빛을 반사하기 때문에 그 빛이 우리의 눈으로 들어

와 우리는 빛나는 달을 볼 수 있습니다.

우리 은하에는 최소 1,000억 개 이상의 행성이 있을 것으로 추측하고 있습니다. 항성은 스스로 빛을 내고 행성은 항성이 낸 빛을 반사하니 우주가 아무리 넓다 해도 이렇게 많은 항성과 행성이 빛을 내고 있으면 밝은 공간이어야 할 텐데 사실은 그렇지 않죠.

물체에서 나오는 파장은 나와의 거리가 어떻게 되느냐에 따라 다르게 적용됩니다. 소리의 파장은 짧으면 높은 음으로 길면 낮은 음으로 들립니다. 소방차를 운전하는 운전자는 언제나 일정한 거리에서 소리를 듣기 때문에 사이렌 소리가 항상 같은 음으로 들립니다. 하지만 내가 가만히 있을 때 소방차가 멀리서 다가오고 있다면 파장이 점점 짧아지기 때문에 내 쪽으로 가까워지면서 사이렌 소리가 점점 높은 음으로 들리고, 멀어지면 파장이 점점 길어지기 때문에 사이렌 소리는 점점 낮은 음으로 들리게 됩니다.

더 이해하기 쉽게 예를 들자면, 움직이는 누 물체 사이에 용수철이 연결되어 있다고 가정해 봅시다. 이 두 물체가 서로 멀어지면 용수철의 간격이 늘어나고 서로 가까워지면 용수철의 간격이 짧아지는데요. 파장도 이와 같습니다. 이렇게 움직임에 따라 파장이 바뀌는 현상을 '도플러 효과'라고 합니다.

빛에도 적용되는 도플러 효과

도플러 효과는 파장뿐 아니라 빛에도 적용되는 현상입니다. 빛은 파장이 짧으면 파란색으로 파장이 길면 빨간색으로 보입니다. 지구로부터 멀리 떨어져 있는 은하 또는 항성이 우리에게 가까워진다면 파장이 짧아져 파란색으로 보일 것이고, 멀어진다면 파장이 길어져 빨간색으로 보일 것입니다.

과학자들은 우주에 있는 수많은 은하는 제각각 다르게 움직일 테니 어떤 은하는 파란색으로 어떤 은하는 빨간색으로 보일 것이라고 생각했습니다. 하지만 실제로 관측해본 결과 대부분의 은하가 빨간색으로 보였습니다. 이것을 적색편이라고 하죠. 대부분의 은하가 빨간색으로 보인다는 건 우리로부터 멀어지고 있다는 것, 즉 우주가 팽창하고 있다는 뜻입니다.

우리가 볼 수 있는 빛을 가시광선이라고 합니다. 가시광선보다 파장이 짧아지면 자외선, 가시광선보다 파장이 길어지면 적외선으로 분류하고 우리는 이것을 볼 수 없습니다. 즉 무언가에서 빛이 반사된다 해도 그 빛이 자외선이나 적외선이라면 우리는 그 무언가를 볼 수 없다는 것이죠.

우주는 팽창하기 때문에 항성이나 행성에서 나온 빛은 우리에게 도달되는 동안 파장이 점점 늘어나 결국 적외선이 되어버

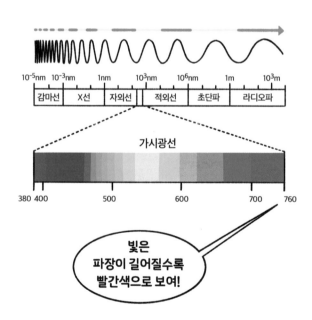

립니다. 마치 소방차가 멀어지면서 소리의 파장이 늘어나는 것처럼 말이죠. 그래서 이들이 밝게 빛나도 우리는 이 빛을 볼 수 없고 빛을 볼 수 없으니 우주가 까맣게 보이는 것입니다.

빛은 1초에 299,792,458미터를 간다고 합니다. 그런데 우주는 이것보다 훨씬 더 빠른 속도로 팽창하고 있습니다. 1메가파섹(Mpc) 떨어진 은하는 1초에 73킬로미터의 속도로 멀어지고, 10메가파섹 떨어진 은하는 1초에 730킬로미터의 속도로 멀어집니다. 즉 지구로부터 충분히 멀리 떨어진 은하들은 빛보다 빠른 속도로 멀어지고 있습니다. 심지어 그 속도가 점점 더 빨라지고 있습니다. 즉 지구와 멀리 있는 항성이나 은하에서 나오는 빛은 팽창 속도를 따라잡지 못해 영원히 지구까지 오지 못합니다.

이들이 내는 빛을 보지 못하니 우리에게는 우주가 까맣게 보이는 것이죠. 즉 태양뿐만 아니라 굉장히 많은 항성이 있음에도 우주가 어두운 이유는 우주가 끊임없이 팽창하고 있기 때문입니다.

일단 알아두면 교양 있어 보이는 과학 용어

▸ 항성: 중심부의 핵융합 반응으로 스스로 빛을 내는 별.
▸ 행성: 스스로 빛을 내지 못하고, 항성을 공전하는 천체.
▸ 도플러 효과: 상대 속도를 가진 관측자에게 파동의 진동수와 파원에서 나온 수치가 다르게 관측되는 현상.

쓰레기를 화산에 버려서
다 녹여버릴 수 있을까?

과자를 다 먹고 난 뒤 남은 포장지, 음료를 다 마신 뒤 남은 캔, 택배가 왔을 때 물건을 꺼내고 난 뒤의 상자, 목도 다 늘어나고 색도 변해 이제는 입을 수 없는 옷…. 이런 쓰레기들은 한곳에 모아 소각장으로 보내 태워버리거나 매립지로 보내 묻어버립니다. 쓰레기를 묻을 땅은 한정적이지만 계속해서 쓰레기가 생기기 때문에 이런 방법을 영원히 사용할 수는 없죠. 결국 다른 방법을 찾아야 하는데, 그렇다면 이런 쓰레기를 화산에 던져버리는 건 어떨까요?

쓰레기를 화산에 버린다는 것은 단순히 산에 쓰레기를 놓고 온다는 것이 아니라 용암에 넣어 녹여버린다는 것을 뜻합니다.

즉 이것은 모든 화산이 가능한 것이 아니라 활화산에서만 가능한 일입니다. 활화산 중에서도 지금 활발하게 활동하지 않는 화산은 제외됩니다. 제주도에 있는 한라산은 활화산으로 분류되어 있지만 용암 분출이 일어나고 있지 않기 때문에 이곳에 쓰레기를 버리고 올 수는 없습니다.

하와이에 있는 킬라우에아산이나 이탈리아의 에트나산이 지금도 활동하고 있는 대표적인 활화산입니다. 화산에서 분출되는 용암의 온도는 700~1,200도 사이로, 흐르기 시작하면 주위에 있는 것들을 모두 녹여버리기 때문에 화산 폭발은 아주 위험한 자연재해 중 하나입니다.

활화산을 쓰레기 소각장으로 사용할 수 없는 이유

그런데 이렇게 뜨거운 용암이라도 몇몇 쓰레기는 녹이지 못합니다. 그럼 결국 쓰레기는 또 쌓이게 되고 이후에 화산이 폭발하기라도 한다면 쓰레기도 같이 폭발하게 돼 평소보다 더 큰 피해가 발생할 수 있습니다. '그렇다면 잘 타는 쓰레기만 모아서 버리면 어떨까?'라는 생각을 해보지만 이것 역시 좋은 생각은 아닙니다.

쓰레기를 태우면 황산화물, 일산화탄소, 다이옥신, 미세먼지 같은 물질이 배출됩니다. 이런 물질은 건강뿐만 아니라 환경을 오염시키는 물질이기도 하죠. 인간이 만든 소각장에서는 이런 물질들이 최대한 나오지 않게 공기 중으로 최대한 퍼지지 않게

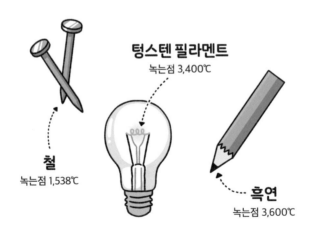

텅스텐 필라멘트
녹는점 3,400℃

철
녹는점 1,538℃

흑연
녹는점 3,600℃

하겠지만, 용암에 쓰레기를 녹일 경우 이런 물질이 나오는 것을 막을 수 없게 됩니다. 그렇기 때문에 쓰레기를 용암에 녹이는 것은 현실적으로 불가능한 일입니다.

만약 이런 문제점을 모두 해결할 수 있다고 해도 용암에 쓰레기를 녹이는 일은 쉽지 않습니다. 활화산은 인간의 발이 닿지 않는 곳에 위치하고 있고 위험하기 때문에 가까이 갈 수도 없습니다. 화산에 잘 도착했다 하더라도 화산이 갑자기 폭발하지 않으리란 보장은 없습니다. 운이 안 좋다면 쓰레기를 버리러 갔다가 인명 피해가 발생할지도 모릅니다. 쓰레기를 화산에 버린다는 것은 꽤 좋은 생각인 것처럼 느껴지지만 실행에 옮기지 않는 이유가 있었습니다. 결국 우리들이 만들어낸 쓰레기는 우리가 처리해야 하는 것이죠.

킬라우에아 화산 폭발을 찍은 사진.

땅에 구멍을 뚫으면, 지구 반대편으로 나갈 수 있을까?

택배를 받는 것은 언제나 설레고 기분 좋은 일입니다. 국내에서 주문한 경우 빠르면 다음 날에 택배가 오기 때문에 오랜 시간 기다리지 않아도 되지만, 해외에서 배송을 하는 경우 택배 상자가 비행기로 이동하기 때문에 배송이 좀 더 오래 걸리곤 하죠. 땅을 파서 직선으로 지구에 길을 낸다면 지구 반대편의 물건도 금방 받을 수 있지 않을까요? 실제로 지구에 구멍을 뚫어 물건이나 사람이 지구 반대편으로 이동하는 것이 가능할까요?

내가 지금 있는 곳에서 땅을 파 구멍을 뚫은 뒤 지구 반대편으로 이동하는 것은 단순하게 생각하면 가능할 것 같지만 사실 그리 간단한 것은 아닙니다.

미국과 소련의 땅 파기 경쟁

본격적으로 깊게 파기 시작한 게 냉전 시대인데요. 이때 미국과 소련의 우주 경쟁이 그야말로 엄청났죠. 그런데 우주뿐 아니라 땅 밑을 파는 경쟁도 치열했어요. 우주는 소련이 한 발 먼저 나아갔지만, 땅속은 미국이 먼저 시작했습니다.

1957년에 미국은 '모홀 프로젝트'라는 걸 시작했어요. 지각과 맨틀의 경계면을 모호면이라고 해요. 1909년에 모호로비치치라는 학자가 처음 발견해서 그의 이름을 따서 모호면이라고 하는

모홀 프로젝트 당시 시추 모습.

데, 여기까지 구멍을 뚫어보겠다는 뜻으로 모호에 구멍(hole)이라는 단어를 합쳐서 '모홀(Mohole) 프로젝트'라고 이름을 지었어요. 목표는 모호면을 이루고 있는 물질을 끌어 올려서 지구 내부구조의 비밀을 밝히겠다는 거였죠.

그래서 바다에 배를 띄워놓고 긴 파이프를 이용해 바다 밑의 땅을 파기 시작합니다. 보통 바다 밑 지각은 두께가 얇아 모호면이 그렇게 깊지 않거든요. 목표는 모호면이 위치한 9킬로미터였지만, 프로젝트 도중 지원이 끊겨 고작 183미터밖에 파지 못하고 종료되었습니다. 이후 1970년 러시아는 '콜라 시추공 프로젝트'를 진행해 19년 만에 무려 12킬로미터를 파냈습니다. 러시아는 1993년이 되면 15킬로미터를 팔 수 있을 것으로 예상했습니다. 하지만 프로젝트는 얼마 가지 않아 종료되었습니다.

지구에 구멍을 뚫는 것이 어려운 이유

지구는 지각, 맨틀, 외핵, 내핵으로 이루어져 있는데 아래로 내려갈수록 온도가 점점 높아집니다. 12킬로미터라면 아직 맨틀도 못 갔지만, 이미 온도가 180도를 넘어가기에 사람과 기계가 버티지 못했던 것이죠. 이는 애초 예상했던 온도보다 약 80도나 높은 수치였어요. 그렇다면 만약 이런 온도를 버틸 수 있다고 가정하고 구멍을 뚫으면 어떻게 될까요?

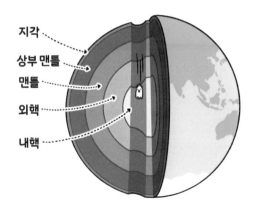

지각
상부 맨틀
맨틀
외핵
내핵

   만약 지구에 구멍이 나 있어, 그 구멍으로 무언가 떨어트린다면 일단은 아래쪽으로 쭉 떨어질 것입니다. 지구에는 중력이 있기 때문이죠. 중력은 지구상에 있는 모든 물체를 지구 중심으로 끌어당기는 힘을 말합니다.

   중력은 지구 어디에서나 지구 중심 방향으로 작용합니다. 만약 물체를 위쪽에서 떨어트린다면 아래쪽으로, 아래쪽에서 떨어트린다면 위쪽으로, 오른쪽에서 떨어트린다면 왼쪽으로 작용하게 됩니다. 즉 물체를 위쪽에서 떨어트린다면 중력에 의해 아래쪽으로 빠르게 떨어지겠지만, 지구 중심을 넘어서게 되면 그때부턴 중력이 다른 방향으로 작용하기 때문에 아래로 떨어지는 속도가 점점 줄어들 것입니다.

   그리고 물체가 어느 정도 떨어지게 되면 반대로 작용하는 중력에 의해 다시 위로 올라가게 됩니다. 물론 우리 쪽에서 물체를 보면 올라오는 것이겠지만, 정확하게 표현한다면 지구 중심으로 다시 떨어지는 것이죠. 그리고 물체가 어느 정도 올라오게 되면 또다시 반대쪽으로 작용하는 중력에 의해 속도가 줄어들었다가 다시 아래로 떨어질 것입니다. 만약 공기저항이 없다면 물체는 떨어뜨린 곳에서 반대편까지 끊임없이 왕복운동을 하게 됩니다. 하지만 지구에는 공기저항이 있으니 어느 정도 왔다 갔다 하면 결국 중력이 작용하지 않는 지구 중심부에 머무르게 되겠죠.

그런데 이마저도 지구가 가만히 멈춰 있어야 가능한 일입니다. 우리가 느끼지는 못하지만, 지구는 자전이라는 회전운동을 합니다. 지구의 자전 속도는 적도 기준 약 1시간에 1,667킬로미

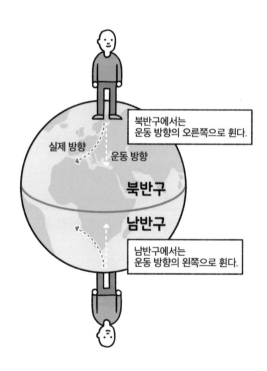

터를 이동하는 정도 된다고 합니다. (우리나라 기준 약 $1,337km/h$) 이런 속도 때문에 물체가 아래로 떨어진다면, 정방향으로 떨어지지 않고 오른쪽 혹은 왼쪽으로 이동하며 떨어지게 됩니다. 이때 작용하는 힘을 전향력 혹은 코리올리 효과라고 합니다.

그렇기 때문에 지구에 구멍을 뚫었다고 하더라도 원하는 물품이나 사람을 지구 반대편으로 이동시키는 것은 불가능한 일입니다. 만약 과학이 더 발달해 외핵, 내핵의 온도와 지구 내부의 압력과 중력을 이겨낼 수 있고, 코리올리 효과를 거스를 수 있다면 지구 반대편으로 구멍을 뚫어 이동할 수 있을지도 모릅니다.

일단 알아두면 교양 있어 보이는 과학 용어

▶ 코리올리 효과: 지표면에서 운동하고 있는 물체가 코리올리 힘 때문에 북반구에서는 오른쪽으로, 남반구에서는 왼쪽으로 향하게 되는 현상.

영화처럼 화성에서 감자를 키우는 게 가능할까?

우주에 나가 새로운 삶의 터전을 만드는 일, 인류가 아주 오래 전부터 꿈꾸던 것입니다. 하지만 생명체가 존재할 수 있는 행성을 아직 찾지 못했기 때문에 우주를 정복하는 것은 머나먼 미래의 일이죠.

2015년에 개봉한 영화인 〈마션〉을 보면 화성에 홀로 남겨진 주인공이 식량문제를 해결하기 위해 감자를 키우는 장면이 나옵니다. 시행착오 끝에 주인공은 감자를 키우는 데 성공해 구조대가 올 때까지 버틸 수 있었죠. 그렇다면 실제로도 화성에서 감자를 키우는 것이 가능할까요?

화성은 지구보다 기압이 160배나 낮고 이산화탄소 농도(대기의 약 95퍼센트)도 높고 평균온도는 영하 60도 정도로 지구와 아주 다른 환경을 가지고 있는 행성입니다. 식물이 자라기 위해선 적절한 빛과 온도, 수분, 흙, 대기 상태가 필요한데 화성은 이런 조건을 갖추지 못하고 있어 식물이 자랄 수 없는 것으로 알려져 있죠. 하지만 감자는 불리한 조건에서도 잘 자라는 대표적인 구황작물 중 하나이기에 약간의 가능성이 있는 것처럼 보입니다.

감자를 키우기 위한 조건

감자를 키우기 위해선 일단 감자를 심어야 하니 흙이 필요합니다. 지구에 있는 흙은 영양분이 풍부해 식물이 잘 자랄 수 있지만, 화성에 있는 흙은 그렇지 못합니다. 특히 질소가 많이 부족한데, 화성 대기에 질소가 있긴 하지만 식물은 대기에 있는 질소는 흡수하지 못하기 때문에 그냥 심으면 아무리 척박한 환경에서 잘 자라는 감자라고 해도 자라지 못합니다.

영화에서는 이 문제를 해결하기 위해 사람의 똥을 이용했습니다. 똥에는 질소가 많기 때문에 똥과 흙을 섞어 마치 비료처럼 사용한다면 지구와 비슷한 환경의 흙을 만들 수 있습니다. 실제로 과거에는 똥을 비료로 사용하기도 했으니 마냥 불가능한 이야기는 아닙니다.

물

햇빛

흙

    씨앗을 심었으니 이제 물을 줘야 합니다. 화성에는 물이 없기 때문에 물을 만들어야 합니다. 영화에서는 우주선의 연료인 하이드라진과 산소를 이용해 물을 만들었지만 이것은 폭발의 가능성이 있어 매우 위험합니다. 우주정거장에서는 물을 공급하기 위해 우리 몸에서 나오는 눈물, 땀, 오줌 같은 것들을 정수해서 재활용하는 방법, 연료전지를 이용해 산소와 수소를 결합시키는 방법을 사용합니다. 화성에서도 이와 같은 방법을 사용한다면 물을 만들어낼 수 있을 것입니다.

    감자도 심었고 물도 줬으니, 이제 빛이 필요합니다. 화성은 지구보다 태양에서 더 멀리 있어 감자가 성장하기에 충분한 빛이 들어오지 않습니다. 그렇기 때문에 감자의 광합성을 도와줄 수 있는 LED 패널을 설치해야 합니다. 영화에서도 LED 패널을 설

농작물 재배 실험이 진행되고 있는 미국 텍사스주에 위치한 화성 거주 훈련 기지 '마스 듄 알파'의 모습.

치해 빛을 보충했습니다. 그리고 일교차가 큰 화성의 날씨는 감자가 성장하기에 큰 방해 요소가 됩니다. 적정 온도를 유지할 수 있는 온실을 만들어야 합니다.

인류는 이런 조건을 만족시킬 수 있는 기술력을 가지고 있기 때문에 화성에서 감자를 키울 수 있을 것으로 예상하고 있습니다. 실제로 국제감자센터CIP의 연구진들은 2015년 나사NASA와 협력해 실험을 진행했는데, 화성과 비슷한 환경에서 감자를 키우는 데 성공했습니다. 네덜란드의 와게닝겐대학교 연구진들 역시 화성과 비슷한 환경에서 감자를 비롯한 토마토, 무, 완두콩 같은 것들을 키우는 데 성공했다고 합니다.

물론 이것은 화성의 흙을 직접 가져와서 진행한 실험은 아니기 때문에 현실은 조금 다를 수 있습니다. 게다가 화성의 흙에는 과염소산염이 많이 들어있다고 합니다. 과염소산염은 폭발물과 로켓 추진제로 사용되는 것으로 우리에겐 암을 유발할 수 있는 독성 물질로 알려져 있습니다.

　인류는 아직 화성에 가지 못했기 때문에 그 어떤 것도 확신할 수 없습니다. 하지만 언젠가 지구를 떠나야 할 때를 대비해 작은 가능성을 토대로 연구를 지속해야 할 것입니다.

우주에서도
와이파이를 쓸 수 있을까?

스마트폰의 등장으로 우리의 일상 생활은 180도 바뀌었습니다. 과거 전화와 문자만 되던 기계가 이제는 게임, 카메라, 영상 재생, SNS, 배달, 은행 업무까지 되는 기계로 발전했죠. 스마트폰으로 모든 것을 할 수 있다고 말해도 과언이 아닐 정도고, 이제는 마치 몸의 일부인 것처럼 없으면 큰일이 나는 상황이 되었습니다.

스마트폰의 기능 중 대부분은 인터넷을 사용하는 것으로 데이터를 이용해 인터넷을 사용하는 경우도 있지만, 와이파이가 있는 곳에서는 와이파이를 이용해 인터넷을 사용하기도 합니다. 특히 와이파이는 전 세계 공통이기 때문에 비밀번호가 걸려 있지 않다

면 해외에서도 특별한 제약 없이 인터넷을 사용할 수 있습니다. 그런데 과연 우주에서도 와이파이를 이용해 스마트폰을 할 수 있을까요?

와이파이의 원리

와이파이는 무선통신 표준 기술로 공유기(무선 접속 장치)가 설치된 곳이라면 인터넷을 사용할 수 있게 만들어줍니다. 이때 공유기와 스마트폰은 전파를 통해 연결되는데 전파는 감마선, 엑스선, 자외선, 가시광선, 적외선 같은 전자기파의 한 종류입니다. 우주는 공기와 중력이 없기에 꽤 많은 부분에서 지구와 다르게 움직입니다. 하지만 전자기파는 매질 없이도 전송이 가능해서 우주에서도 지구와 마찬가지로 자유롭게 움직입니다. 와이파이는 전파를 통해 스마트폰과 연결되니까 우주에서 정상적으로 작동하게 됩니다.

하지만 지구에 있는 일반적인 공유기가 내보내는 전파는 우주까지 닿지 못하기 때문에 이 공유기로는 와이파이에 연결할 수 없습니다. 그러면 여가 시간에 인터넷을 하고 싶은 우주비행사들은 어떻게 할까요? 우주에는 세계 여러 나라가 힘을 합쳐 만든 국제 우주정거장이 있는데요. 이곳에는 와이파이가 정상적으로 작동해 메일을 보내거나 SNS를 할 수 있습니다. 하지만 지구까지 신호를 보내고 받는 데 시간이 오래 걸리기 때문에 속도는 느리다고 합니다.

행성 간 인터넷으로 우주에서 유튜브 보기

나사와 구글은 우주에서도 인터넷을 사용할 수 있게 하는 연구를 진행하고 있습니다. 이런 인터넷을 '행성 간 인터넷'이라고 하는데 이 연구가 성공하다면 우주에서 와이파이를 사용하는 것은 물론 지구 전체에도 와이파이가 제공되기 때문에 인터넷이 접속되지 않는 지역은 완전히 사라지게 됩니다.

또한 우리나라에서도 다누리 달 탐사선을 보내 우주에서도 인터넷이 가능한지 실험을 했는데요. 지구와 다누리 탐사선 간에 인터넷으로 채팅을 주고받는 데 성공하고, 120만 킬로미터나 떨어진 우주에서 세계 최초로 방탄소년단의 〈다이너마이트〉 영상을 실시간으로 끊김 없이 끝까지 재생하는 데 성공했다고 합니다. 지구에서는 기지국이 전파를 보내지만 우주에서는 인공위성이 공유기의 역할을 하면서 전파를 보내 다른 행성에 있을 때도 와이파이를 연결할 수 있게 됩니다. 시간이 많이 흘러 행성 간 인터넷이 활성화된다면 우주비행사들이 행성을 이동할 때 유튜브를 보며 시간을 보내는 날이 올지도 모릅니다.

(일단 알아두면 교양 있어 보이는 과학 용어)

▸ 와이파이: 전자기기들을 무선으로 인터넷에 연결하는 네트워크 기술.

지구에도
토성처럼 고리가 있다면?

　우주에 있는 여러 행성 중 토성은 커다란 고리를 가지고 있는
것으로 유명합니다. 다른 행성과 비교해보면 고리 덕분에 더 아
름답지 않나 하는 생각이 듭니다. 우리가 사는 지구에는 아쉽지

나는 고리 부자라네.

만 고리가 없습니다. 하지만 '아주 먼 옛날에는 지구도 고리를 가지고 있지 않았을까?' 하는 추측도 있습니다.

지구 주위를 돌고 있는 달은 어떻게 만들어졌는지 아직까지 그 이유를 정확히 찾지 못했지만 약 45억 년 전 '테이아'라는 천체가 우연히 지구와 충돌하면서 만들어진 것이라는 가설이 가장 많은 지지를 받고 있죠. 테이아는 지구와 충돌하면서 완전히 박살이 나게 되고, 부서진 테이아의 잔해는 지구 중력에 의해 지구 주위를 돌게 되었습니다. 시간이 흐르며 잔해들이 서서히 하나로 뭉치게 되었고 이렇게 탄생한 것이 지금의 달이라는 것이죠. 만약 이 가설이 맞다면, 달이 만들어지지 않았을 때, 즉 테이아의 잔해가 지구 주위를 돌고 있을 때 지구는 고리를 가지고 있었을 것입니다.

토성의 고리는 얼음과 암석으로 이루어져 있습니다. 토성은 태양으로부터 약 14억 킬로미터나 떨어져 있어 태양에 의해 얼음이 녹지 않기 때문에 토성의 고리는 계속 유지될 수 있습니다. 하지만 지구와 태양의 거리는 약 1억 5,000만 킬로미터로 태양의 영향을 굉장히 많이 받기 때문에 지구의 고리가 얼음으로 이루어져 있다면 얼마 가지 않아 전부 녹아 사라져버릴 것입니다. 그렇기 때문에 만약 지구가 고리를 가지려면 고리는 암석으로만 이루어져 있어야 할 것입니다.

암석 고리를 가진 지구를 상상해보면?

만약 지구가 지금까지도 암석 고리를 가지고 있다면 어떨까요? 아마 우리가 보는 하늘의 모습도 많이 달라질 것입니다. 달은 스스로 빛을 내지 못하지만 태양 빛을 반사하기 때문에 낮에도 밤에도 볼 수 있는 것처럼 고리 역시 낮과 밤을 가리지 않고 언제나 보일 것입니다.

지구에 생명체가 있는 이유는 적절한 햇빛, 수분, 산소가 있기 때문인데요. 지구에 암석으로 이루어진 고리가 있다면 고리가 있는 지역에는 암석이 햇빛을 가려 그림자가 생기게 됩니다. 그렇다면 지구로 들어오는 햇빛의 양도 줄어들게 되고, 생태계도 변하게 됩니다. 일부는 이런 환경에 적응하지 못해 멸종할 것이고 일부는 적응해 그동안 보지 못했던 새로운 생명체가 탄생하게 될 수도 있습니다.

우주에 지구 주위를 돌고 있는 인공위성이 있는 덕분에 인터넷 통신을 할 수도 있고 TV로 해외 방송을 볼 수도 있고 날씨를 예측하거나 GPS를 이용한 길 찾기 같은 것들이 가능합니다. 만약 지구에 고리가 있었다면 암석이 지구 주위를 돌고 있기 때문에 인공위성을 띄울 수 없었겠죠. 인공위성이 없으면 이런 것들이 불가능하니 우리 생활 역시 많이 달라졌을 것입니다.

어쩌면 지구에 고리가 있었다면 인류의 문명은 지금처럼 발전하지 못했을지도 모르고, 영원히 우주에 나갈 수 없었을지도 모

룹니다. 이렇게 보니 지구에 고리가 없는 게 참 다행이라는 생각
이 드네요.

▸ 테이아: 지구와 충돌하여 달을 만드는 원인이 되었다는 거대 충돌설에서 등장하는 가상
  의 천체.

방사선에 노출되면
어떻게 될까?

만물을 이루는 근원인 원자 중에는 원자핵이 불안정해서 원자핵이 붕괴되면서 안정적인 원자로 바뀌려는 원자들이 있습니다. 이때 핵이 붕괴하는 과정에서 방사선이 방출됩니다. 이런 물질을 '방사성 물질'이라고 하며 방사성 물질이 방사선을 방출하는 능력을 '방사능'이라고 합니다. 우리는 보통 방사능을 떠올리면 위험하다는 생각부터 하지만, 정확히는 방사능이 아니라 방사선이 위험한 것이라고 할 수 있습니다.

사실 전파, 적외선, 가시광선 역시 방사선의 한 종류이긴 합니다. 이들을 '비전리 방사선'이라고 하는데 어떤 물질의 분자구조에 영향을 주지 못하기 때문에 위험하지 않은 방사선으로 분류

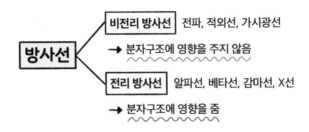

되어 있습니다. 이와 반대로 분자구조에 영향을 주는 방사선을 '전리 방사선'이라고 하는데 알파선, 베타선, 감마선, X선 같은 것들이 있습니다. 우리 신체에 위험을 줄 수 있는 방사선이라고 하면 보통 이들을 말하는 것이죠.

우리는 평소에도 방사선에 노출되어 있습니다. 가만히 있어도 몸속에서 방사선이 나오고, 땅에서도 방사선이 나오고 음식을 먹을 때도 방사선을 섭취합니다. 특히 바나나는 방사성 물질이 함유된 식품으로 잘 알려져 있습니다. 우리는 방사선과 함께 살아가고 있다고 해도 과언이 아닌데, 그렇다면 왜 방사선을 위험하다고 하는 걸까요?

방사선에 노출되면 발생하는 일

방사선에 노출되면 우리 몸속에 있는 세포가 영향을 받습니다. 세포에 있는 세포핵에는 DNA가 있는데 바로 이 DNA가 방사선에 의해 파괴됩니다(직접 작용). 우리의 몸은 70%가 수분으로 이루어져 있습니다. 수분이 방사선의 영향을 받으면 분해돼 산소 유리기(활성산소)가 만들어집니다. 유리기는 세포의 DNA를 기형적으로 변형시킵니다(간접 작용). DNA에는 유전정보가 담겨있기 때문에 DNA가 파괴되거나 변형되면 몸에 문제가 생기게 됩니다. 하지만 그래도 괜찮습니다. 손상된 세포는 치유되기도 하고, 건강한 세포가 다시 만들어지기도 하니까요. 그렇기에 소량의 방사선에 노출되어도 아무런 문제가 발생하지 않는 것입니다.

방사선에 노출될 경우 신체가 손상되기에 방사선 노출 지역에서는 보호 장비를 착용해야 한다.

하지만 대량의 방사선에 노출될 경우에는 이야기가 달라집니다. 방사선에 의해 신체가 파괴되고 변형되는 속도가 치유되는 속도를 넘어서면 구토, 설사, 출혈, 탈모가 생길 수 있으며 피부에 반점이 생기거나 더 나아가서는 백혈병, 암에 걸릴 수 있고 심지어 죽을 수도 있습니다. 이렇게 방사선에 노출되어 피해를 입는 것을 '방사선 피폭'이라고 합니다.

같은 양의 방사선에 피폭되었다고 하더라도 나타나는 피해 정도는 사람마다 다를 수 있습니다. 특히 방사선은 DNA에 영향을 주기 때문에 세포분열을 많이 하는 어린아이에게 더 큰 피해가 발생하게 됩니다. 태아의 경우 아직 신체가 완벽하게 만들어지지 않았기 때문에 방사선에 피폭될 경우 기형으로 태어나기도 합니다.

우리에게 영향을 주는 방사선의 양을 나타내는 단위를 '시버트'라고 합니다. 일상 생활에서 자연적으로 방사선에 노출되는 정도는 국가에 따라 다른데 우리나라 사람들의 경우 1년에 약 3밀리시버트에 노출되고 있다고 합니다. 이것을 제외하고 일반인이 방사선에 노출되어도 괜찮은 양은 1년에 약 1밀리시버트 정도, 방사선을 다루는 의료인이 방사선에 노출되어도 괜찮은 양은 1년에 약 50밀리시버트 정도 된다고 합니다.

1시버트의 방사선에 노출될 경우 두통이나 구토가 나올 수 있습니다. 2시버트의 방사선에 노출될 경우 사망할 확률은 5퍼센트입니다. 4시버트의 경우 30일 이내에 사망할 확률이 50퍼센

방사선 노출 수준에 따른 신체 변화

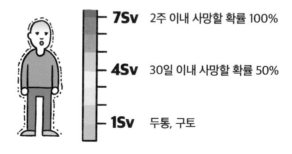

7Sv 2주 이내 사망할 확률 100%

4Sv 30일 이내 사망할 확률 50%

1Sv 두통, 구토

트, 6시버트의 경우 14일 이내에 사망할 확률은 90퍼센트까지 올라갑니다. 7시버트의 경우 무려 100퍼센트 확률로 사망하게 됩니다. 참고로 원자폭탄이 터질 경우에는 초당 5시버트의 방사선에 노출된다고 합니다.

1986년 체르노빌에서 원자력 발전소 폭발 사고가 있었습니다. 체르노빌에는 굉장히 많은 방사선이 여전히 퍼져있습니다. 현재 체르노빌에서는 시간당 1.25마이크로시버트 정도의 방사선이 나오고 있다고 합니다. (1 밀리시버트=1,000 마이크로시버트)

2011년 후쿠시마에서 원자력 발전소 폭발 사고가 있었습니다. 후쿠시마 역시 굉장히 많은 방사선이 퍼졌는데, 현재 시간당 2.5~5마이크로시버트 정도의 방사선이 나온다고 합니다. 서울에서 나오는 방사선은 시간당 0.1~0.2마이크로시버트 정도입니다.

서울과 비교하면 굉장히 높은 수치라는 것을 알 수 있죠.

엑스레이를 찍을 때 방사선에 대한 걱정을 하곤 하는데, 이때 노출되는 양은 0.05~0.1밀리시버트 정도이기 때문에 크게 걱정하지 않아도 된다고 합니다.

일단 알아두면 교양 있어 보이는 과학 용어

‣ 방사선: 방사성 원소의 붕괴에 따라 물체에서 방출되는 입자나 전자기파.

‣ 방사선 피폭: 방사선에 노출되어 피해를 입는 것.

여름, 가을이면
왜 매번 태풍이 오는 걸까?

과거에 비해 과학기술이 많이 발전한 덕분에 자연재해를 예측하고 피해를 줄이는 것이 가능해졌지만 여전히 완벽하게 예방하지 못하고 있습니다. 화산, 홍수, 지진, 태풍 같은 것들이 대표적인 자연재해입니다. 최근에는 비교적 지진이 자주 발생하긴 하지만 우리나라의 경우 지진이나 화산의 피해는 다른 자연재해에 비해 그리 크지 않습니다.

하지만 태풍이나 호우로 인한 피해는 매년 발생하고 있죠. 특히 여름, 가을에는 장마와 태풍으로 피해가 집중되는 계절입니다. 그런데 참 신기하게도 다른 계절에는 잠잠하다가 여름, 가을만 되면 매년 태풍이 찾아옵니다. 태풍은 대체 왜 여름과 가을에

여름, 가을마다 우리나라에 상륙하는 태풍의 위성 사진.

만 발생하는 걸까요?

태양열에 의해 공기가 뜨거워지면 공기는 위로 올라갑니다. 위로 올라갈수록 기압이 낮아지는데 이것으로 인해 부피가 커지고 온도는 낮아지죠. 이런 현상을 '단열팽창'이라고 합니다. 단열팽창으로 공기의 온도가 계속 낮아지면 공기 중의 수증기가 물방울로 변하게 됩니다. 이때의 온도를 '이슬점'이라고 하고 이런 물방울들이 모이고 모여 탄생하는 것이 바로 구름이죠. 물방울이 계속 모여 무거워지면 지상으로 다시 떨어지게 되는데 이것이 비입니다.

위쪽으로 올라가는 공기의 운동을 상승기류라고 합니다. 상승기류가 강하고 수증기가 많이 있다면 구름이 수직으로 커지게 되는데, 이런 구름을 '적란운'이라고 합니다. 적란운은 수증기가 만나 만들어진 구름이기 때문에 이후에 많은 비를 뿌리게 됩니다.

적도에서 적란운이 만들어지는 과정

지구의 자전축과 수직으로 교차하며, 북극과 남극에서 같은 거리에 있는 선을 '적도'라고 하는데요. 콜롬비아, 브라질, 인도네시아 같은 국가들이 대표적으로 적도에 있는 나라들입니다. 적도 지역은 태양의 직사광선을 많이 받기 때문에 상승기류가 많이 발생하고 바람이 약하게 불어서 습기가 많은 곳입니다. 그래서 구름이 많이 만들어지고 비가 자주 오게 되죠.

적도를 기준으로 북쪽 부분을 북반구라고 하고 남쪽 부분을 남반구라고 합니다. 우리나라는 적도보다 북쪽에 있기 때문에 북반구에 속하죠. 적도에서 북반구 쪽으로 공을 던지면 일직선으로 날아가는 것이 아니라 동쪽으로 휘어지는 것처럼 보입니다. 반대로 북반구에서 적도 쪽으로 공을 던지면 공은 서쪽으로 휘어지는 것처럼 보이죠. 이것은 지구가 자전하기 때문에 발생하는 현상으로 전향력 혹은 코리올리 효과라고 합니다. 코리올리 효과는 북반구에서는 오른쪽으로 남반구에서는 왼쪽으로 작

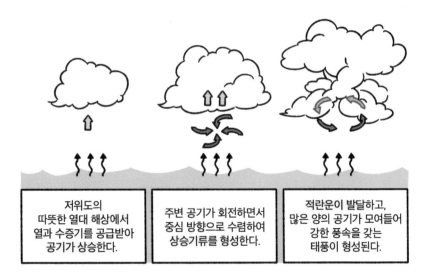

| 저위도의 따뜻한 열대 해상에서 열과 수증기를 공급받아 공기가 상승한다. | 주변 공기가 회전하면서 중심 방향으로 수렴하여 상승기류를 형성한다. | 적란운이 발달하고, 많은 양의 공기가 모여들어 강한 풍속을 갖는 태풍이 형성된다. |

용합니다. 즉 이러한 힘으로 인해 북반구에서 생긴 태풍은 시계 반대 방향으로 회전을 하게 됩니다. (반대로 남반구에서는 시계 방향으로 태풍이 회전을 합니다.)

적란운이 만들어지는 과정, 즉 수증기가 물방울로 바뀌는 과정에서 열을 방출하는데 이것을 '잠열'이라고 합니다. 적란운이 만들어지면 잠열에 의해 주변 공기가 뜨거워지고 뜨거운 공기는 다시 저기압으로 이동하면서 기존의 적란운을 더 강화시킵니다.

이때 이동하는 공기는 코리올리 효과를 받아 회전을 하게 됩니다. 이런 과정을 계속 반복하다 보면 적란운의 힘이 강해져 폭우가 내리고 강풍이 불며 천둥, 번개를 동반하기도 하는데, 이것이 바로 태풍인 것이죠.

태풍이 이동하는 이유

앞에서도 말했지만 북반구에서는 코리올리 효과가 오른쪽으로 작용하기 때문에 우리나라로 오는 태풍은 반시계 방향으로 회전하게 됩니다. 적도 지역에서는 코리올리 효과가 작용하는 힘이 거의 없는 데다 바람도 많이 불지 않기 때문에 적도 지역에서는 태풍이 만들어지지 않고 적도 근처 지역에서 만들어지게 됩니다. 태풍이 만들어지려면 바다의 온도가 26도 이상 되어야 하는데 여름이 되면 바다의 온도가 높아지기 때문에 여름에 태풍이 많이 발생하는 것이죠. 우리나라로 오는 태풍의 경우 북태평양 서쪽에서 만들어지는데, 이곳이 태풍이 만들어지기에 좋은

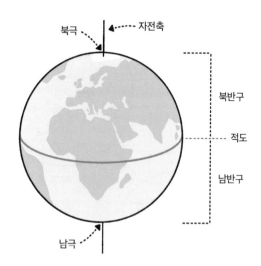

조건을 가지고 있기 때문이죠.

태풍은 지구의 열에너지를 조절하기 위한 수단입니다. 적도 지역은 태양열을 많이 받지만 북쪽은 많이 받지 못하기 때문에 열에너지가 부족해집니다. 이런 불균형을 해소하기 위해 자연적으로 대기 순환이 발생하게 되고, 그로 인해 태풍이 생겨난 뒤 북쪽으로 이동하는 것이죠.

태풍이 처음 생겨났을 땐 동쪽에서 서쪽으로 부는 바람인 무역풍의 영향으로 북서쪽으로 이동하지만, 이후에 코리올리 효과와 서쪽에서 동쪽으로 부는 편서풍 그리고 북태평양 고기압 때문에 북동쪽으로 이동하게 됩니다. 그래서 우리나라로 오던 태

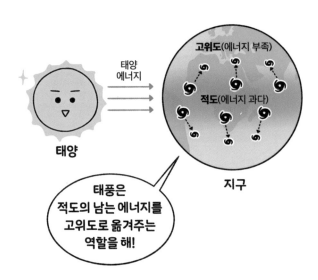

태양에너지

태양

고위도(에너지 부족)

적도(에너지 과다)

지구

태풍은 적도의 남는 에너지를 고위도로 옮겨주는 역할을 해!

풍이 경로를 바꿔 일본 쪽으로 향하는 것이죠. 태풍은 바다 위에 선 수증기를 계속 공급받아 힘이 강해지지만, 육지에 상륙하는 순간 수증기를 공급받지 못하기 때문에 힘이 점점 약해지다가 소멸하게 됩니다.

태풍은 많은 피해를 주는 끔찍한 자연재해라고 생각할 수 있지만, 바다의 녹조와 적조를 해결하기도 하고 열에너지를 순환시켜주는, 어쩌면 지구 입장에서 보면 재해가 아니라 꼭 필요한 존재라고 볼 수 있겠죠.

▸ 이슬점: 대기의 온도가 낮아져서 수증기가 응결하기 시작할 때의 온도.
▸ 잠열: 고체가 액체로, 액체가 기체로 변할 때, 온도 상승의 효과를 나타내지 않고 단순히 물질의 상태를 바꾸는 데 쓰는 열.

우리나라는 왜 석유가 나오지 않을까?

다음에서 공통적으로 필요한 물질은 무엇일까요?

· 자동차, 비행기, 배 같은 이동 수단을 움직이기 위해 필요한 것
· 화력발전소, 시멘트 공장에서 열을 발생시키기 위해 필요한 것
· 플라스틱, 합성섬유를 만들기 위해 필요한 것

정답은 바로 석유입니다. 활용도가 아주 높기 때문에 우리가 살아가는 데 가장 필요한 핵심적인 자원이라고 할 수 있죠. 그렇기에 석유를 가지고 있는 나라는 '오일 머니'라고 불리는 큰돈을 벌 수 있게 되었습니다. 오일 머니는 전 세계 석유의 50퍼센트를

가지고 있는 중동 국가들이 석유 산업으로 벌어들인 부를 지칭하는 말입니다.

우리나라는 기름 한 방울 안 나는 나라 라고 불리기도 합니다. 우리도 석유가 있었다면 참 좋았을 텐데 우리나라에서는 대체 왜 석유가 안 나오는 걸까요?

석유가 만들어지는 과정

현재 우리가 사용하고 있는 석유의 대부분은 약 2억 5,000만 년 전인 중생대 시대에 만들어진 것이라고 합니다. 중생대라고 하면 그야말로 공룡의 시대라고 할 수 있기에 보통 석유는 공룡이 죽어서 만들어진 것이라고 말하기도 하죠. 1972년 경남 하동에서 우리나라 최초로 공룡의 알 화석이 발견되었고, 1973년 경북 의성에서 초식 공룡의 앞다리 뼈가, 1982년 경남 고성에서 공룡의 발자국이 발견되었습니다. 이런 증거를 통해 우리나라에도 공룡이 살았다는 것을 알 수 있습니다.

우리나라에도 공룡이 살았고 공룡은 죽어서 석유가 되었는데, 왜 우리는 석유가 없을까요? 이것은 공룡이 죽으면 석유가 되는 것이 아니기 때문입니다. 석유의 주성분은 탄소와 수소입니다. 이것은 생물의 주성분과 같은 것으로, 정확히는 알 수 없지만 공룡이 아닌 다른 생물이 죽어 만들어진 것으로 보고 있습니다.

생물이 죽어 바닥에 깔리고 다른 물질이 사체 위에 쌓이다 보면 사체는 점점 땅속 깊은 곳으로 내려가게 됩니다. 땅속으로 내려가면 내려갈수록 온도가 높아지고 위에서 누르는 압력도 높아지게 되는데 사체가 이런 고온 고압의 환경에 놓이게 되면 '케로젠'이라는 물질이 만들어집니다. 그리고 케로젠이 고온의 환경에 계속 노출되면 석유로 변하게 되죠.

여기서 한 가지 중요한 조건이 있는데 사체가 산소와 만나지 않아야 한다는 것입니다. 만약 산소와 만나게 되면 부패가 일어나기 때문에 케로젠이 만들어지지 않아 석유가 될 수 없습니다. 그렇기 때문에 산소가 풍부한 지상에 살고 있는 공룡은 죽어서 석유가 될 수 없다는 것이죠. 이것을 다시 말하면 석유는 산소가 거의 없는 깊은 바닷속에서 만들어졌다고 할 수 있습니다.

어떤 생물이 석유가 되기 위해선 그 수가 충분히 많아야 하며 바닷속에 살고 있어야 하는데 전문가들은 이런 조건을 만족시키는 생물이 플랑크톤인 것으로 추측하고 있습니다. 즉 과거 플랑크톤이 많이 살던 바다가 오늘날 석유가 많이 매장되어 있는 곳이라는 것입니다.

중동이 과거에 바다였다고?

중생대에는 지구에 있는 대륙이 지금처럼 나누어져 있지 않고 하나로 합쳐져 있었습니다. 지금의 중동은 과거 테티스해라고 불리는 바다가 있는 지역이었다고 합니다. 즉 중동은 바다였

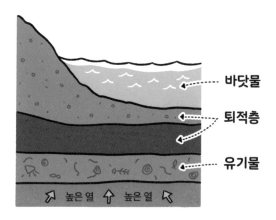

다가 육지가 된 곳이기 때문에 많은 석유가 매장되어 있는 것입니다. 반면 우리나라는 처음부터 육지였기 때문에 석유가 매장되어 있지 않은 것이죠.

하지만 그렇다고 해서 단 한 방울도 없는 것은 아닙니다. 다만 품질이 좋지 않고 양이 적은 데다 직접 채굴하는 비용보다 수입하는 비용이 훨씬 경제적이기 때문에 채굴하지 않는 것입니다. 사실상 기름 한 방울 안 나는 나라이긴 하지만 기름 한 방울 없는 나라는 아닌 셈이죠.

땅과 바다에서 석유와 원유를 채굴하는 나라를 산유국이라고 합니다. 미국, 러시아, 사우디아라비아, 이란, 중국 같은 나라가 있죠. 우리나라는 석유를 채굴하지 않기 때문에 산유국과 거리가 아주 멀 것으로 생각되지만 놀랍게도 95번째로 원유를 채굴

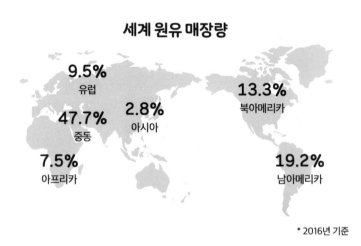

세계 원유 매장량

9.5%
유럽

2.8%
아시아

47.7%
중동

7.5%
아프리카

13.3%
북아메리카

19.2%
남아메리카

* 2016년 기준

한 산유국이에요. 울산광역시 앞바다 남동쪽에 있는 동해 가스전은 우리나라를 세계 95번째 산유국으로 만들어주었습니다.

1998년에 국내 최초로 경제성 있는 천연가스가 발견되어서 계속해서 가스와 원유를 채취했습니다. 심지어 다른 나라에서 수입해온 가스보다 훨씬 질이 좋고요. 생산 초기 동해 가스전에서는 하루 천연가스 1,000톤, 초경질 원유 1,200배럴이 생산되었는데, 이는 하루 34만 가구에 천연가스를 공급하고, 하루 2만 대의 자동차에 원유를 공급할 수 있는 양입니다. 물론 2021년에 가스가 고갈되었기 때문에 지금은 산유국 지위를 잃은 상태지만, 산유국의 지위를 되찾기 위해 여러 가지로 노력하고 있는 상황이라고 합니다.

일단 알아두면 교양 있어 보이는 과학 용어

▸ 케로젠: 석유가 되기 전 석유가 될지도 모르는 상태의 퇴적 유기물.

번개는
왜 지그재그로 치는 걸까?

구름의 종류 중 하나로 수직으로 높게 발달한 구름을 적란운이라고 합니다. 소나기를 뿌리기 때문에 소나기구름이라고도 하죠. 적란운의 영향으로 비가 많이 오는 날에는 갑자기 번쩍하며 번개가 치기도 합니다. 저란운 내부에서는 수증기가 물방울로, 물방울이 얼음 조각으로 바뀌는데, 이들이 서로 부딪혀 마찰이 발생합니다. 이 과정에서 무거운 물방울이나 우박은 음전하를 가지고 아래쪽으로, 가벼운 수증기는 양전하를 가지고 위쪽으로 올라가게 됩니다. 이때 음전하와 양전하 사이 강력한 전류가 흐르게 되는데 이것을 '방전'이라고 합니다.

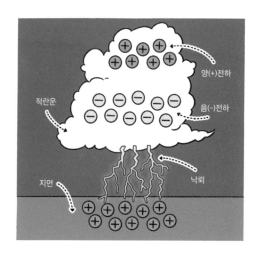

    방전은 구름 내부에서 만들어지는 운내방전뿐만 아니라 구름과 구름 사이에서 만들어지는 운간방전, 구름과 땅 사이에서 만들어지는 낙뢰가 있습니다. 우리는 이것을 통틀어 번개라고 부르죠. 그런데 왜 번개는 일직선으로 치지 않고 지그재그로 치는 걸까요?

번개가 발생하는 원리

    전류가 흐르는 것을 방해하는 작용을 '저항'이라고 합니다. 전류는 저항이 더 작은 쪽으로 흐르려고 하는 특징을 가지고 있습니다. 전기가 통하지 않는 물질을 '절연체'라고 하는데, 공기는 원래 절연체입니다. 그런데 적란운이 만들어져 지면과 구름 사

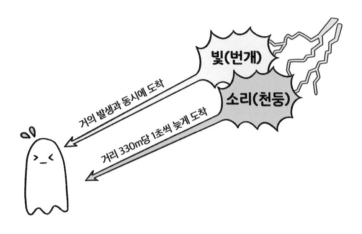

이에 높은 전압 차이가 발생하면 절연 파괴가 일어나 공기도 전기가 통하게 됩니다.

전기는 우리 눈에 보이지 않기 때문에 모두 같은 상태일 거라고 생각되지만 어떤 공기는 수분을 더 많이 가지고 있고, 어떤 공기는 먼지 같은 이물질을 많이 포함하고 있습니다. 이물질이 많은 공기보다 수분이 많은 공기가 저항이 더 낮기 때문에 번개는 이런 공기를 찾아 이리저리 움직이게 됩니다. 그래서 일직선으로 치는 것이 아니라 지그재그로 치는 것이죠.

번개가 치는 모양은 우리가 어떤 목적지까지 갈 때 장애물이 있으면 돌아갈 수밖에 없는 것과 같다고 할 수 있습니다. 번개가 치는 순간 온도는 2만 7,000도 정도 된다고 합니다. 번개 주변에 있던 공기가 순간적으로 엄청난 고온에 노출되는 것이죠.

번개 주변 공기가 갑작스럽게 팽창하면서 주변 공기와 부딪히는데, 이때 발생하는 굉음이 바로 천둥이죠.

그런데 번개가 번쩍하고 한 번 치는 것과 달리 천둥은 쿠르루쾅하면서 여러 번 소리를 냅니다. 사실 천둥소리는 원래 번개가 번쩍할 때 한 번만 납니다. 하지만 번개와 우리 사이의 거리가 굉장히 멀기 때문에, 소리가 귀까지 전달되는 과정에서 장애물에 부딪히게 됩니다. 이로 인해 시간차가 발생하면서 실제보다 긴 시간 동안 천둥소리가 들리는 것입니다.

일단 알아두면 교양 있어 보이는 과학 용어

▸ 절연체: 열이나 전기를 잘 전달하지 못하는 물체.

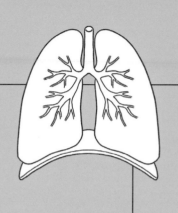

PART
03

알고 나면
깜짝 놀라게 되는
우리 몸의 비밀

눈에 이물질이 들어가면 어디로 갈까?

　눈은 우리 신체에서 아주 중요한 기관 중 하나지만 다른 기관들처럼 뼈나 피부가 보호하고 있지 않습니다. 물론 눈을 감으면 눈꺼풀이 눈을 보호하지만 그렇게 되면 눈이 제대로 기능을 하지 못하게 되죠. 우리는 눈을 뜨고 생활하기 때문에 눈은 항상 위험에 노출되어 있습니다. 물론 속눈썹이 있어서 이물질이 들어가는 것을 어느 정도 막아주기도 하는데요. 가끔은 오히려 이 속눈썹이 눈에 들어가 이물질이 되는 경우도 있습니다.

　속눈썹의 역할은 눈에 먼지나 이물질이 들어가지 않게 하는 것이지만, 모근이 짧기 때문에 쉽게 빠지고 눈과 가까이 있기에 눈에 들어가는 대표적인 이물질 중 하나입니다. 눈에 이물질이

들어가는 경우 보통 곧바로 제거하기 위해 온 노력을 다하게 됩니다. 그런데 가끔 눈에 이물질이 들어간 것을 확인했지만, 거울을 보니 시야에서 사라져 제거하지 못하는 경우가 있습니다. 눈에 들어가서 사라진 이물질은 어디로 간 걸까요?

렌즈를 끼고 잠들었는데, 렌즈가 없어졌다면?

우리의 눈은 꽤 복잡한 구조입니다. 눈꺼풀이 안구를 감싸고 있으며 검은자라고 부르는 곳은 동공과 홍채로 구성되어 있고,

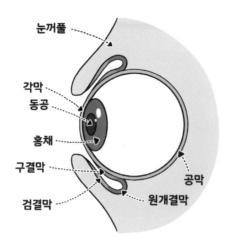

각막이라는 투명한 점막이 보호하고 있죠. 흰자라고 부르는 곳은 공막이라고 하고 결막이라는 투명한 점막이 보호하고 있습니다. 결막은 검결막, 구결막, 원개결막으로 구성되어 있는데 검결막(안검결막)은 눈꺼풀 뒤쪽에 위치하고 있고 구결막(안구결막)은 공막 앞부분에 위치하고 있습니다. 그리고 원개결막은 검결막과 구결막을 연결시켜주고 있죠.

결막은 낭 형태, 다시 말해 주머니 형태로 되어 있습니다. 주머니는 한쪽은 뚫려있고 한쪽은 막혀있는, 입구와 출구가 같은 곳에 있는 형태이죠. 결막도 이와 마찬가지로 검결막과 구결막을 연결시키는 원개결막은 한쪽이 막혀있는 구조입니다. 눈에 이물질이 들어가게 되면 이물질은 결막을 떠다니게 됩니다. 결막은 막혀있는 주머니 형태이기 때문에 이물질이 시야에서 사라졌다고 하더라도 눈 뒤로 넘어가는 일은 발생하지 않습니다. 이물질을 빼내지 못했는데 눈에서 보이지 않는다면, 눈꺼풀에 가려져 있거나 이미 빠져버린 것입니다.

간혹 렌즈를 끼고 깜빡 잠이 들었는데 일어나 보니 눈에 렌즈가 없어서 혹시 렌즈가 눈 뒤로 넘어간 것은 아닐까 걱정하는 경우도 있습니다. 하지만 앞에서 언급한 눈 구조를 생각해보면 이런 일은 일어나지 않습니다. 눈에 이물질이 들어가면 눈은 이것을 빼내기 위해 눈물을 흘리는데, 우리가 생각했던 것보다 우리도 모르는 사이 많은 이물질이 제거됩니다.

일단 알아두면 교양 있어 보이는 과학 용어

▶ 결막: 눈꺼풀의 안쪽과 눈알에서 보이는 흰자 부분과 각막을 덮고 있는 막.

인류가 최초로
박멸시킨 전염병은?

이 병은 7~17일의 잠복 기간을 거칩니다. 발병 초기에는 감기와 비슷한 증상을 보이다가 고열, 구토, 근육통, 두통이 발생하게 됩니다. 온몸에 발진(종기)이 생겨 피부가 완전히 망가지게 되고 증상이 심해지면 뇌에 손상을 입거나 시력을 잃는 경우도 있으며, 약 30퍼센트 정도의 치사율을 보입니다.

주로 감염자의 기침이나 재채기를 통해 공기 중에 퍼진 바이러스 입자에 의해 감염되고, 감염자가 사용한 물건이나 옷을 통해서도 전염될 수 있습니다. 20세기에만 약 5억 명을 죽인 것으로 추정되는 전염성이 아주 높은 이 병은 바로 '두창' 혹은 '마마'라고도 불렸던 천연두입니다.

최악의 전염병, 천연두의 시작

기원전 1274년 이집트와 히타이트의 전쟁 중 하나인 카데시 전투, 기원전 1157년에 사망한 고대 이집트의 파라오 람세스 5세의 미라에서도 천연두의 흔적을 찾아볼 수 있습니다. 이후 천연두는 이집트 상인들에 의해 동아시아 쪽으로 퍼지기 시작했으며 1095년에 있었던 십자군 전쟁으로 아랍까지 퍼졌고, 15세기 대항해시대를 기점으로 아메리카 대륙에 퍼지게 되면서 전 세계적으로 유행하기 시작했습니다.

천연두는 찬란했던 아스테카 제국과 잉카 제국이 멸망한 원인 중 하나로 꼽히기도 하고 조선시대 숙종의 왕비인 인경왕후와 스페인의 루이스 1세, 프랑스의 루이 15세가 천연두에 의해 사망한 것으로 기록되어 있기도 합니다. 마땅한 예방법이나 치료법이 없었기 때문에 누군가 한 명이라도 걸렸다 하면 전염병이 퍼지는 것은 너무나도 쉬웠죠.

천연두에 걸렸다가 운 좋게 회복하더라도 온몸에 흉터가 남기 때문에 그 후유증을 평생 가지고 살아야 했습니다. 그야말로 악마가 내린 저주 같은 병이라고 생각할 만하죠. 18세기 유럽에서는 주요 사망 원인이 천연두였으며 20세기에만 약 3~5억 명이 천연두로 사망한 것으로 알려져 있습니다. 이렇게 인류를 멸망시킬 것 같았던 천연두는 영국의 한 의사에 의해 지구상에서 완전히 사라지게 됩니다.

　의료 기술이 많이 발달하지 않았던 과거의 인도나 중국에서
는 천연두를 예방하기 위해 천연두에 걸린 사람의 딱지를 잘게
부수어 그 가루를 건강한 사람의 콧구멍에 넣는 방법을 사용했
습니다. 이들은 천연두에 걸렸다가 나으면 이후에 다시 천연두
에 걸리지 않는다는 것을 알고 있었죠. 그래서 나중에 천연두에
심하게 걸리는 것을 예방하기 위해 미리 약한 바이러스를 일부
러 몸에 집어넣어 몸이 스스로 면역력을 만들어내도록 하는 예
방 접종을 했던 것이죠. 이런 방법을 '인두법Variolation'이라고 부
릅니다.

　아랍에서는 천연두 바이러스를 콧구멍이 아닌 팔에 작은 상처
를 내서 몸속으로 넣는 방법을 사용했습니다. 이후 인두법을 소

개하는 책이 영국에 전해지면서 인두법은 유럽에도 알려지게 됩니다. 하지만 인두법은 완벽한 예방책은 아니었죠. 모두에게 예방 접종을 할 수 없었기 때문에 접종을 받지 못해 죽는 사람이 있었고, 접종을 받았다 하더라도 애초에 면역력이 약하면 천연두에 걸려 죽는 사람들도 있었습니다.

수많은 생명을 구한 우두법의 발명

그러던 중 1796년, 영국의 한 의사인 에드워드 제너가 '우두牛痘'라는 병에 걸리면 천연두에 걸리지 않게 된다는 이야기를 듣게 됩니다. 우두는 천연두와 유전적으로 비슷하지만, 사람만을 감염시키는 천연두와 달리 사람, 소, 고양이 등 다양한 동물을 숙주로 하는 인수공통감염병입니다. 병세가 약해 걸리더라도 시간이 지나면 자연적으로 치유된다는 특징을 가지고 있죠. 우연히 우유를 짜다가 우두에 걸린 사라 넴스는 그 이후로 천연두에 면역이 생겨 천연두를 피할 수 있었죠.

이 사실을 알게 된 제너는 '우두를 건강한 사람에게 접종하면 천연두에 면역이 생길 것이다'라는 가설을 세웠습니다. 이윽고 우두 바이러스를 가져와 자신의 집 정원사의 8세짜리 아들인 제임스 핍스라는 소년에게 접종했습니다. 바이러스를 접종한 소년은 우두를 앓게 되었지만 약한 바이러스였기에 시간이 흐른 뒤

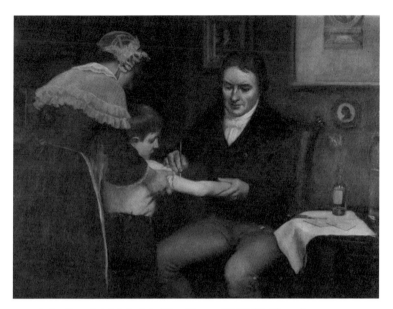

1796년 에드워드 제너가 우두에서 나온 고름으로 예방 접종을 하는 모습.

자연스럽게 치유되었죠. 우두 바이러스에 대한 면연력이 생긴 것을 확인한 후 소년에게 천연두 바이러스를 접종했습니다.

어린아이가 천연두에 걸릴 경우 성인보다 더 높은 치사율을 보이는데, 다행스럽게 핍스는 천연두에 걸리지 않았습니다. 우두를 미리 접종하면 천연두에 면역이 생긴다는 것이 증명되는 순간이었습니다. 의사는 소년 이외에도 이와 같은 실험을 반복했고, 그 결과 우두 바이러스보다 더 안전한 백신을 개발하는 데 성공했습니다. 드디어 인류가 천연두의 공포에서 벗어날 수 있

천연두를 종식시키기 위해 예방접종을 하는 세계보건기구의 노력.

게 되는 순간이 온 것이죠. 이렇게 우두를 이용해 천연두를 예방하는 방법을 '우두법'이라고 합니다.

물론 처음에는 이런 방법에 의문을 품는 사람들도 있었고, 가축의 바이러스를 인간에게 넣는 것 자체를 거부하는 사람들도 많았습니다. 게다가 제너의 방법대로 접종을 하면 사람이 소처럼 변한다는 말도 안 되는 소문이 퍼지기도 했습니다. 하지만 천연두로 죽느니 제너의 방법을 따르는 것이 생존 확률을 더 높이는 방법이었기에 제너의 우두법은 결국 신뢰를 얻었고, 그 덕분에 많은 사람이 천연두로부터 생명을 구할 수 있었습니다.

천연두를 예방할 목적으로 백신을 접종하는 인두법과 우두법을 합쳐 '종두법'이라고 말합니다. 우리나라에서는 중국으로부터 도입된 인두법의 중요성을 정약용과 박제가가 널리 알렸고, 의학자 지석영의 노력으로 우두법이 도입되었습니다.

세계보건기구는 천연두 백신을 통해 천연두 바이러스를 몰아내기 위한 작전을 펼쳤습니다. 천연두는 인간 이외에 다른 동물들은 걸리지 않기 때문에 지구상에 존재하는 모든 인간이 백신을 맞아 면역이 생긴다면 천연두는 완전하게 사라지게 되는 것이죠.

전염병이 발생하면 일주일 안에 보고를 받을 수 있게 시스템을 만들어놓고 천연두 유행이 시작되면 그 지역을 중심으로 범위를 넓게 설정해 조금씩 치료를 해나갔습니다. 또한 천연두 환자가 발생하면 그 지역에 사는 모든 사람들, 과거에 천연두 백신을 맞은 사람이라고 하더라도 한 명도 빠짐 없이 백신을 다시 한번 접종하는 방식을 사용해 천연두의 씨를 말려버렸습니다. 1975년 10월 최후의 천연두 자연 감염자인 방글라데시의 라히마 바누를 마지막으로 천연두는 완전히 사라지게 되었습니다. 1980년 세계보건기구는 천연두를 박멸하는 데 성공했다고 선언했습니다.

천연두 박멸 이후 천연두 예방 접종은 더 이상 실시되지 않고 있습니다. 하지만 미국과 러시아는 연구를 목적으로 천연두 바이러스 표본을 아직 가지고 있습니다. 만약 천연두 바이러스가 유출되어 다시 유행한다면 인류는 엄청난 혼란 상태에 빠지게 될 것입니다. 현재는 예방 접종을 하지 않기에 지금 세대는 천연두에 대한 면역이 전혀 없기 때문이죠. 이처럼 바이러스가 아직 남아있기 때문에 위협이 완전하게 끝났다고 말할 순 없지만, 현재까지 천연두는 인류가 박멸한 최초의 질병으로 남아있습니다.

일단 알아두면 교양 있어 보이는 과학 용어

▸ 종두법: 천연두를 예방하기 위하여 백신을 인체의 피부에 접종하는 방법.

물속에 계속 있으면
어떻게 될까?

　뜨거운 물에 몸을 푹 담그고 있으면 스트레스가 풀리고 기분이 좋아집니다. 뜨거운 온도 때문에 혈관이 확장돼 혈액순환이 원활해지고 근육이 이완돼 뭉친 근육을 풀어주며 피로가 풀리기 때문이죠. 그렇다면 이런 기분을 오래 느끼기 위해 물속에 계속 있으면 어떨까요? 아마 몇 분간은 기분 좋은 상태가 계속될 것입니다. 그러면서 이윽고 물에 오래 담궈진 손가락과 발가락이 쭈글쭈글해지겠죠.

　그렇다면 손가락과 발가락은 왜 물속에 오래 있으면 주름이 지는 걸까요? 주름이 생기는 정확한 이유는 아직 찾아내지 못했지만 최근에는 신경이 원인이라는 주장이 나왔습니다. 물에 장

물에 몸을 담그고 있으면
왜 쭈글쭈글해지지?

시간 노출될 경우 신경계가 신호를 보내 혈관을 수축시켜 의도적으로 주름을 만든다는 것이죠. 실제로 신경이 마비된 사람은 물에 아무리 오래 있어도 주름이 생기지 않는다고 합니다.

물론 그렇다고 해서 피부가 물을 흡수하지 않는 것은 아닙니다. 우리 몸에서는 외부 자극으로부터 피부를 보호하는 역할을 하는 피지가 끊임없이 나옵니다. 물속에 오래 있으면 피지가 씻겨나가 피부를 보호하는 보호막이 사라집니다. 일부 연구에 따르면 물에 들어간 뒤 12시간이 지나면 피부가 손상되기 시작하고 72~144시간이 지나면 피부염이 발생한다고 합니다.

만약 욕조 안에 있는 것이라면 움직임이 제한되기 때문에 엉덩이나 등, 발뒤꿈치에 혈액순환이 잘 안 되기 시작합니다. 혈액이 제대로 돌지 않으면 산소 공급이 부족해져 피부가 손상되며 욕창이 생깁니다. 욕창이 지속된다면 피부가 괴사해 떨어져 나가 근육이나 뼈가 드러나게 됩니다.

움직일 수 있는 충분한 공간이 있다면 욕창은 발생하지 않겠지만, 오히려 움직일 수 있기 때문에 또 다른 문제가 발생할 수 있습니다. 많은 물이 피부로 흡수되면 피부 안에 수포가 만들어집니다. 수포는 시간이 지나면서 터지는데, 그러면서 피부도 같이 벗겨지게 되죠. 움직임 때문에 물과 피부 사이에 마찰이 발생하면 피부가 더 심하게 벗겨지고, 벗겨진 피부로 세균이 들어와 질병에 걸릴 수 있습니다. 물론 이것은 며칠에 걸쳐 서서히 발생하게 됩니다.

물속에서 인간은 며칠을 살 수 있을까?

만약 당신이 11일 동안 물속에서 있을 수 있다면? 축하합니다! 당신은 방금 세계 기록을 경신했습니다. 미국의 마술사 데이비드 블레인은 물속에서 7일 동안 지내는 프로젝트를 진행했습니다. 그는 물속에 있는 동안 살과 근육이 찢어지는 것 같은 통증을 느꼈다고 합니다. 남아공의 다이버인 팀 야로우는 잠수복을 입고 물속에 있긴 했지만, 이전 기록을 깨고 212시간이라는 새로운 기록을 세웠습니다.

이들은 프로젝트가 끝난 뒤 물속에서 무사히 빠져나오긴 했지

물로 가득차 있는 생명 유지 장치가 있는 대형 유리구슬 속에서 유영하고 있는 데이비드 블레인.

만 일부의 전문가들은 신체에 영구적인 손상이 발생했을 가능성이 있다고 말하기도 합니다. 피부가 손상된 상태로 물속에 계속 있을 경우 결국은 사망하게 됩니다. 우리는 물 없이 살지 못하지만 너무 많은 물과 함께할 경우에도 역시 결과는 같은 것이죠.

오줌은
왜 똥보다 참기 힘들까?

    만약 똥, 오줌을 싸지 못한다면 우리의 몸은 노폐물로 가득 차게 되고 결국에는 뻥 하고 터져버릴지도 모릅니다. 야생에서 생활을 한다면 원하는 때에 원하는 위치에서 배설할 수 있지만, 우리는 문명화된 도시에서 살고 있기 때문에 정해진 장소에 싸야 합니다. 그렇기에 상황에 따라서 똥이나 오줌이 마렵지만 참아야 하는 경우도 있죠. 설사를 제외한 똥은 고비를 잘 넘기면 꽤 오랜 시간 버티는 것이 가능합니다. 반면 오줌은 지속적으로 참기 힘들기 때문에 장시간 버티는 것은 아주 힘든 일입니다. 그렇다면 오줌은 왜 똥보다 참기 힘든 것일까요?

똥이 만들어지는 과정

음식을 먹으면 우리에게 필요한 영양분은 흡수되고 나머지 찌꺼기들은 한곳에 모입니다. 이것이 바로 똥입니다. 똥은 대장에서 만들어지고 밖으로 배출되기 전 직장에 모입니다. 똥이 어느 정도 모이면 밖으로 나가고 싶다고 신호를 보내는데, 곧바로 똥을 배출할 수 없는 경우 조금만 참아달라는 신호를 역으로 보내게 됩니다. 항문에 있는 괄약근과 직장 덕분에 똥을 참을 수 있죠.

괄약근은 통로를 열고 닫을 수 있게 해주는 근육으로 항문뿐만 아니라 몸 여기저기에 존재합니다. 그렇기에 직장에 똥이 모

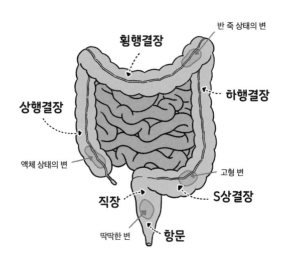

여있다 하더라도 괄약근에 힘을 준다면 똥을 참을 수 있습니다. 또한 직장은 늘어날 수 있기 때문에 똥이 쌓이더라도 어느 정도 참는 것이 가능합니다. 이렇게 똥을 계속 참다 보면 직장에서 보내는 신호가 무뎌지고 그 결과 똥이 마렵다는 느낌을 받지 않게 됩니다.

하지만 똥은 여전히 직장에 머물러 있습니다. 새롭게 만들어지는 똥은 직장 바로 위인 S상결장에 쌓이게 됩니다. 대장은 수분을 흡수하는 역할을 하기 때문에 결장에 있는 똥은 점점 딱딱해집니다. 이런 과정이 반복되다보면 변비에 걸리는 것입니다.

오줌이 만들어지는 과정

체내에 흡수된 단백질이 분해되는 과정에서 암모니아가 만들어지는데, 이것이 몸에 있는 다른 노폐물과 함께 배설되는 것이 바로 오줌입니다. 암모니아와 노폐물은 방광에 쌓이게 됩니다. 방광이 절반 정도 채워지면 오줌을 내보내야 한다는 신호를 뇌로 보내죠. 오줌은 요도를 통해 배출되며 이곳에도 괄약근이 있기 때문에 어느 정도 참는 것이 가능합니다. 하지만 오줌은 모이기 시작하면 똥처럼 신호가 무뎌지지 않습니다. 오줌의 양이 늘어나면 늘어날수록 괄약근의 힘보다 배출하려는 힘이 더 강해져 참는 것이 점점 힘들어지죠.

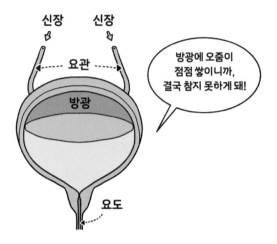

신장　신장

요관

방광

방광에 오줌이
점점 쌓이니까,
결국 참지 못하게 돼!

요도

　게다가 오줌은 콩팥에서 만들어지는데 방광으로 모인 오줌은 다시 콩팥으로 돌아가지 못하기 때문에 오줌이 마렵다는 신호를 받는 순간부터 오줌이 마렵다는 생각이 멈춰지지 않습니다. 그래서 똥보다 오줌을 참는 것이 더 힘든 것이죠.

　똥을 계속 참으면 변비나 대장암에 걸릴 수 있고, 오줌을 계속 참으면 방광염에 걸릴 수 있습니다. 똥이나 오줌은 우리에게 필요하지 않은 노폐물을 걸러내는 행위이기 때문에 어쩔 수 없이 참아야 하는 순간이 아니라면 바로바로 배출하는 것이 좋다고 합니다.

과다 출혈일 때
흘린 피를 먹으면 괜찮을까?

피부는 표피, 진피, 피하지방으로 이루어져 있습니다. 표피는 얇은 바깥쪽 층이고 진피는 표피 안쪽의 두꺼운 층입니다. 진피에는 혈관, 땀샘, 신경 등이 존재하기 때문에 표피만 살짝 다치는 경우라면 피는 나오지 않고 진피까지 깊게 다쳐야 피가 나오게 됩니다. 때로는 상처에서 피가 흐를 때 피를 많이 흘리면 위험할 수 있다는 생각에 흐르는 피를 입으로 먹는 경우가 있습니다. 물론 우리가 평소 살짝 다치는 정도라면 과다 출혈로 죽진 않겠지만 말이죠. 그런데 만약 정말로 크게 다쳐 피가 많이 나오는 상황, 즉 과다 출혈로 죽을 수도 있는 상황에서 흐르는 피를 다시 입으로 먹는다면 과다 출혈로 죽지 않을 수 있을까요?

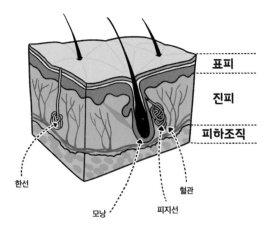

표피

진피

피하조직

한선

혈관

모낭

피지선

우리 몸에서 혈액이 돌 때 발생하는 일

혈액은 산소와 영양분을 필요한 조직으로 운반하고, 노폐물을 신장으로 운반하여 체외로 배출되도록 돕습니다. 혈액은 전체 몸무게의 8퍼센트 정도를 차지하고 있으며 이중 30~40퍼센트 정도만 없어져도 과다 출혈로 인한 쇼크가 오거나 심한 경우 죽을 수도 있다고 합니다. 이런 경우 수혈을 통해 부족한 피를 보충해줘야 합니다.

과거에 수혈은 혈액 그 자체를 주는 것이었지만 현대에 와서는 적혈구가 필요하면 적혈구, 혈소판이 필요하면 혈소판을 주는 '성분수혈'이 사용되고 있습니다. 그리고 수술을 하는 동안 수혈을 받아야 하는 환자의 경우 수술을 받기 전 환자의 피를 미리

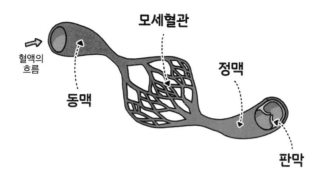

받아 보관해둔 뒤 자신의 피를 수혈하는 '자가수혈'을 사용하기
도 합니다.

혈액은 우리 몸속에서 혈관이라는 통로를 타고 흐르는데 크게
동맥, 정맥, 모세혈관으로 나뉘어져 있습니다. 심장에서 방금 나
와 산소가 풍부한 피는 동맥을 타고 몸 여기저기로 전달됩니다.
이후 모세혈관으로 이동해 필요한 곳에 산소와 영양분을 공급
하고 이산화탄소와 노폐물을 수거해갑니다. 노폐물이 모인 피는
정맥을 타고 다시 심장으로 돌아가죠.

산소를 운반하는 것은 적혈구에 있는 헤모글로빈입니다. 헤모
글로빈에는 철분이 포함되어 있는데, 철분과 산소가 만나면 붉
은색으로 보이기 때문에 피는 붉은색으로 보입니다. 반면 정맥
에는 산소가 부족하고 이산화탄소가 많은 피가 모이기 때문에
푸른색으로 보이죠. 손등이나 손목에 보이는 핏줄이 파란색으로
보이는 이유가 바로 이것 때문입니다.

일반적으로 수혈은 정맥에 정맥관을 넣어 혈액을 공급받는 방식으로 이루어집니다. 피는 혈관에서 나오면 빠르게 굳어지고 산소를 잃어버리기 때문에 아무리 보관을 잘한다고 해도 심장에서 방금 나온 혈액의 상태보다는 못하죠. 게다가 애초에 정맥에서 피를 뽑기 때문에 수혈은 정맥에 하는 것이죠.

혈액을 먹었을 때 소화기관에서 벌어지는 일

우리가 무언가를 먹으면 음식물은 식도를 거쳐 위로 들어가게 됩니다. 음식물이 위로 들어오면 위액이 분비되고 위액이 음식물을 분해해 단백질을 흡수합니다. 이후 장에서 나머지 영양분이 흡수된 뒤 필요 없는 찌꺼기는 대변으로 배출됩니다. 이런 과정은 피를 먹을 때도 똑같습니다. 입을 통해 무언가가 삼켜지면 음식물이든 혈액이든 혹은 다른 이물질이든 우리의 몸은 위와 같은 단계를 거쳐 소화를 시킵니다.

피에는 단백질이나 포도당 같은 영양분이 있기 때문에 위에서 분해되고 영양분이 흡수된 뒤 나머지는 걸러질 것입니다. 즉 피를 먹는다고 해서 그것이 혈관으로 직접 흡수되어 부족한 혈액을 보충하는 것은 아닙니다. 게다가 피에는 철분이 많이 있는데 출혈이 심할 때 흐르는 피를 모두 먹으면 너무 많은 철분 섭취로 몸에 부정적인 영향을 끼칠 수 있습니다.

그렇다면 사랑니를 뽑거나 입에 상처가 나서 어쩔 수 없이 피를 먹어야 하는 경우는 어떻게 대처할까요? 이때는 그리 많은 양이 아니기 때문에 크게 문제가 되지는 않는다고 합니다. 만약 크게 다쳐 피를 많이 흘리게 된다면 살기 위해 자신의 피를 먹는 것보다 지혈을 하는 것이 더 현명한 판단입니다.

▸ 성분수혈: 환자가 필요로 하는 혈액 성분만을 뽑아 혈관에 주입하는 수혈 방식.

숨을 계속 참으면
결국 죽게 될까?

우리는 의식하지 않아도 숨을 쉽니다. 성인 남성 기준 1분에 15번, 1시간에 900번, 24시간 동안에는 약 2만 1,600번 정도 쉰다고 합니다. 우리는 의도적으로 숨을 멈출 수 있는데, 성인 남성 기준 약 1분 정도 멈출 수 있다고 합니다. 흔히 '333 법칙'이라고 해서 사람은 음식 없이는 3주, 물 없이는 3일, 공기 없이는 3분밖에 버티지 못한다는 말이 있습니다. 그렇다면 숨을 3분이 넘도록 꾹 참게 되면 이후 어떻게 될까요?

들숨과 날숨이 폐를 오가는 과정

　폐는 숨을 쉬는 데 중요한 역할을 하는 장기이지만 스스로 움직이지 못합니다. 그렇기 때문에 주위에 있는 근육에 도움을 받아 수축과 이완을 반복하는데, 이때 도움을 주는 근육을 '호흡근'이라고 합니다. 대표적인 호흡근으로는 횡격막이 있습니다. 숨을 들이마시면 횡격막이 수축해 폐의 부피가 늘어나 공기가 안으로 들어옵니다. 숨을 내쉬면 횡격막이 이완해 폐의 부피가 줄어들어 공기가 밖으로 나갑니다. 이런 과정을 '호흡'이라고 하는데, 결국 호흡은 근육을 움직이는 것이라고 할 수 있습니다.

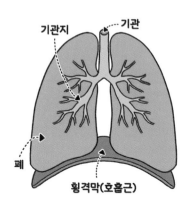

　뇌줄기 부분에 위치하고 있는 교뇌는 소뇌와 대뇌 사이의 정보를 전달하며 호흡근을 조절하는 역할을 합니다. 잠을 자거나

수면 마취를 한 것처럼 의식이 없는 상태에서도 숨을 쉴 수 있는
데 이것은 교뇌가 스스로 호흡근을 움직이기 때문입니다. 우리
의 몸은 숨을 쉬는 동안에는 산소를 마시고 이산화탄소를 내뱉
으며 혈액 속의 산소와 이산화탄소 농도를 일정 수준으로 유지
합니다. 숨을 참으면 산소 농도가 떨어지고 이산화탄소 농도가
올라갑니다.

숨을 참게 되면 중추신경과 말초신경에 있는 수용체가 우리
몸의 산소와 이산화탄소의 농도 변화를 감지해 숨을 쉬라는 명
령을 내립니다. 명령을 받은 교뇌는 호흡근을 움직여 강제로 숨
을 쉬게 만듭니다. 그런데 이때 계속 숨을 참으려고 하면, 즉 움

직이려는 근육을 억지로 붙잡고 있으면 숨을 참는 것이 가능합니다.

하지만 그렇다고 해서 숨을 참아 죽을 수 있는 것은 아닙니다. 산소가 부족해 뇌로 가는 피의 양이 줄어들면 의식을 잃고 기절하게 됩니다. 기절하면 앞서 말했듯이 교뇌에 의해 호흡근이 움직이기 때문에 다시 정상적으로 호흡하게 됩니다.

코는
왜 한쪽만 막힐까?

얼굴에 있는 신체 기관은 입을 제외하고 모두 두 개씩 있습니다. 눈이 두 개인 덕분에 거리감을 느낄 수 있고 물건을 입체적으로 볼 수 있습니다. 귀가 두 개인 덕분에 소리가 나는 방향을 파악해 위험에서 벗어날 수 있습니다. 콧구멍 역시 두 개인 덕분에 한쪽 코가 막혀도 다른 쪽 코로 숨을 쉴 수 있습니다. 그런데 생각해보면 감기에 걸려 코가 막힐 때 꼭 양쪽이 다 막히는 것이 아니라 한쪽만 막혔던 것 같지 않나요? 대체 코가 막힐 때 한쪽만 막히는 이유는 무엇일까요?

사람의 콧구멍은 두 개가 있지만 숨을 쉬는 동안 언제나 두 개의 콧구멍을 100퍼센트 활용하는 것은 아니라고 합니다. 우리는 잠을 자는 중에도 숨을 쉬기 때문에, 코는 다른 기관들과 다르게 매일매일 쉬지 않고 일을 합니다. 매일 야근을 하면 피로가 누적되어 하루하루가 힘들어지는 것처럼 코도 피로가 누적되면 역할 수행을 잘하지 못하게 됩니다. 그래서 콧구멍은 한쪽씩 번갈아가며 휴식을 취하고 있습니다.

콧구멍이 교대로 일하는 과정

콧구멍 안쪽에 있는 비점막은 교대로 수축과 팽창을 반복하는데 평균 주기가 4~12시간 정도 된다고 합니다. 비점막이 팽창하

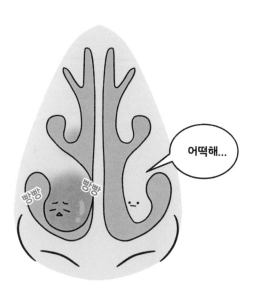

면 콧구멍이 좁아져 공기가 많이 들어오지 못하기에 팽창한 쪽 콧구멍은 휴식을 취할 수 있죠. 반대쪽 비점막은 수축해 콧구멍이 넓어져 많은 공기가 들어오기에 반대쪽 콧구멍은 열심히 일하게 되는 것이죠.

시간이 지나 팽창했던 비점막은 다시 수축하고 수축했던 비점막은 다시 팽창합니다. 휴식을 하던 콧구멍은 일을 하게 되고, 일을 하던 콧구멍은 휴식을 하게 되는 것이죠. 이렇게 콧구멍이 번갈아가며 일하고 휴식을 취하는 것을 '비주기'라고 합니다.

특별한 코 질환이 없는 경우라면 비주기 때문에 코가 막힌다거나 숨쉬기 힘들다는 것을 느끼지 못합니다. 하지만 감기에 걸리면 코가 막힌다는 느낌을 받게 됩니다. 코막힘의 원인은 여러 가지가 있지만 비점막이 비정상적인 요인에 의해 부풀어 콧물이 흐르지 못해 막히는 경우가 가장 많이 있습니다. 이런 경우 코를

아무리 풀어도 코막힘이 나아지지 않는데, 근본적인 원인이 콧물이 아니라 코 안쪽이 부은 것이기 때문입니다.

감기에 걸려 코가 부어있는데 비주기에 의해 한쪽 코가 팽창하게 되면 콧물이 통과할 공간이 없어 코가 꽉 막히게 됩니다. 하지만 시간이 흘러 수축할 때가 되면 그나마 공간이 조금 생기면서 콧물이 흐르게 되고 반대쪽은 팽창하면서 공간이 사라져 코가 막히게 되죠. 코 안쪽이 부어있는 것은 양쪽 다 똑같지만 비주기 때문에 코가 막히는 것은 번갈아 나타나는 것입니다.

물론 이런 현상이 항상 나타나는 것은 아닙니다. 코 뼈가 휜 비중격 만곡증, 물혹, 만성 비후성 비염 같은 질환에 따라서 한쪽만 계속 막히거나 심한 경우 양쪽 다 막혀버리는 경우도 있습니다. 코막힘은 밤에 더 심해질 때가 있는데 밤에는 코르티솔의 분비가 줄어들어 면역 시스템이 활발하게 작동해 염증 반응이 일어나고, 또 자려고 누우면 혈액이 머리 쪽으로 몰리면서 코 안쪽이 붓기 때문입니다.

달릴 때 목구멍에서
피 맛이 나는 이유?

격렬한 운동을 하거나 달리기를 하면 숨이 차고 땀이 납니다. 그리고 목구멍에서 피 맛이 느껴지는 경우가 있기도 하죠. 달리는 동안 혀를 깨물지도 않았고 다치지도 않았는데 피 맛이 나니 조금 이상하단 생각이 들기도 합니다.

달리기를 할 때에는 평소보다 더 많은 에너지와 산소가 필요합니다. 에너지는 영양분을 통해 만들어지는데 영양분과 산소를 전달하는 역할은 혈액이 합니다. 즉 달리기를 하면 평소보다 더 많은 피가 돌게 되죠. 심장은 피를 필요한 곳에 전달하는 역할을 하기 때문에 달리기를 하면 심장이 빨리 뛰게 됩니다. 달리기를 하는 동안 필요한 영양분은 체내에 축적된 것을 사용하지만, 산

소는 그때그때 보충해줘야 합니다. 이때 필요한 산소의 양이 평소보다 많기 때문에 달리기를 하면 숨이 차게 됩니다.

달리기를 할 때 출혈이 일어나는 이유

우리는 평소 코로 호흡합니다. 공기 중에 있는 이물질은 코에 있는 코털과 콧물에 의해 걸러지고 따뜻해진 뒤 폐로 전달됩니다. 하지만 달리기를 해 숨이 차면 더 많은 공기를 마시기 위해 자연스럽게 입이 벌어집니다. 코가 아닌 입으로 호흡하면 차가운 공기와 공기 중에 있는 이물질이 걸러지지 않고 그대로 들어와 기도에 있는 점막을 자극해 약간의 출혈을 일으킬 수 있습

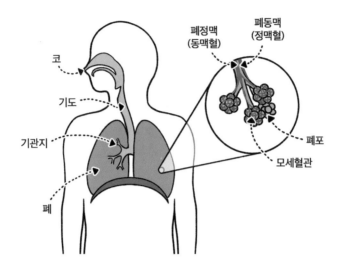

코

기도

기관지

폐

폐정맥
(동맥혈)

폐동맥
(정맥혈)

폐포

모세혈관

니다. 이때 숨을 내뱉으면 공기와 함께 피가 올라오게 되고 피가 혀에 있는 미뢰에 닿으며 피 맛을 느끼게 되는 것입니다.

또 달리기를 하면 폐가 평소보다 더 많은 일을 하게 되면서 압력이 올라갑니다. 우리가 들이마신 공기는 기관지를 통해 폐로 이동합니다. 기관지 끝에는 산소를 보내고 이산화탄소를 받는 '폐포'가 있습니다. 폐포는 모세혈관에 연결되어 있는데 폐에 압력이 올라가면 이곳이 살짝 터지면서 피가 날 수 있습니다. 피가 기도를 타고 올라와 혀에 있는 미뢰에 닿으면, 그 순간 피 맛을 느끼는 것입니다.

즉 달리기를 할 때 피 맛이 느껴지는 것은 그냥 느낌이 아니라 실제로 피가 난 것입니다. 이런 현상은 격한 운동을 할 때 자주 발생한다고 합니다. 운동이 끝나면 증상은 사라지게 되죠. 그렇기 때문에 피 맛이 난다고 해서 크게 걱정할 필요는 없습니다.

▸ 폐포: 허파로 들어간 기관지의 끝에 포도송이처럼 달려 있는 자루.

소리 없는 방귀가
정말 더 지독할까?

우리가 음식을 먹으면 음식은 식도를 통해 위로 내려가고, 이후 소장을 거쳐 대장으로 이동합니다. 이 과정에서 음식물은 소화되며 발효되는데, 이때 가스가 생성됩니다. 이 가스는 항문을 통해 몸 밖으로 배출되며, 우리는 이를 방귀라고 부릅니다. 방귀는 크게 소리와 냄새 여부로 분류할 수 있습니다.

성인의 경우 하루 평균 10번 이상의 방귀를 뀌며 500~1,000밀리리터 정도의 가스가 방출된다고 합니다. 방귀는 질소, 수소, 이산화탄소, 산소, 메테인, 황화수소, 인돌, 스카톨 등으로 이루어져 있습니다. 이중 냄새에 관여하는 물질이 황화수소, 인돌, 스카톨입니다.

　우리가 음식을 먹으면 장에 있는 세균은 음식에 있는 지방과 단백질을 분해합니다. 이때 지방산과 유황이 섞인 가스가 발생합니다. 또한 필수 아미노산인 트립토판이 만들어지는데 미처 다 흡수되지 못한 트립토판이 분해되어 인돌과 스카톨이 만들어집니다. 방귀에 황화수소, 인돌, 스카톨이 많이 있으면 지독한 냄새가 나게 됩니다.

　지방과 단백질이 많은 육류를 먹으면 황화수소가 만들어지고, 달걀, 우유, 견과류를 먹으면 트립토판이 만들어지기 때문에 인돌과 스카톨도 많이 만들어집니다. 그래서 이런 음식을 먹으면 방귀 냄새가 지독해지는 것이죠.

방귀를 뀔 때 소리가 나는 이유

    방귀를 뀔 때 소리가 나는 이유는 작은 구멍을 통해 많은 가스가 한 번에 방출되기 때문입니다. 항문은 괄약근이 잘 잡아주고 있기 때문에 입구가 아주 좁아 방귀가 나올 때 항문 주변의 피부나 괄약근이 떨릴 수밖에 없습니다. 그래서 방귀를 끼면 소리가 나는 것이죠.

    방귀는 가스의 양이 많거나 밀어내는 힘이 강할 때 그리고 치질이나 변비로 인해 통로가 좁을 때 큰 소리가 나게 됩니다. 방귀 냄새는 어떤 음식을 먹느냐에 따라 다르기 때문에 방귀 소리와 냄새는 관련이 없습니다. 즉 변비가 있는 사람이 방귀를 뀌면 소리가 클 확률도 높고 장에 있는 대변 때문에 방귀 냄새가 지독해질 수 있습니다.

반대로 채소 중심으로 식사를 한 사람이 소리 없는 방귀를 뀐다면 방귀 냄새도 나지 않는 것이죠. 이것은 동물에게도 마찬가지로 적용됩니다. 풀을 먹는 코끼리는 방귀 냄새가 거의 나지 않는다고 하고 호랑이는 육식을 하기 때문에 방귀 냄새가 지독하다고 합니다. 그런데 우리는 왜 소리 없는 방귀가 더 지독하다고 느끼는 것일까요?

탄수화물을 많이 먹게 되면 가스가 많이 만들어지지만 방귀 냄새는 지독하지 않습니다. 가스의 양이 많으면 방귀를 뀔 때 소리가 날 확률이 높기 때문에 소리가 큰 방귀는 냄새가 나지 않는다고 생각하는 것이죠. 반대로 단백질은 가스를 조금만 만들어 내지만 방귀 냄새가 아주 지독합니다. 가스의 양이 적으면 방귀를 뀔 때 소리가 작을 확률이 높기 때문에 소리가 작은 방귀는 냄새가 지독하다고 생각하는 것이죠.

또 방귀를 뀌었는데 소리가 난다면 주위 사람들이 자리를 피하거나 코를 막는 행동을 합니다. 그렇기 때문에 냄새를 잘 맡지 못하게 되죠. 하지만 소리 없는 방귀를 뀐다면, 주위 사람들은 방귀의 존재를 눈치채지 못하기 때문에 냄새를 직격탄으로 맞을 수밖에 없습니다. 그래서 소리 없는 방귀가 더 지독하다고 느끼는 것이죠.

사람도
겨울잠을 잘 수 있을까?

 겨울이 되면 침대에 누워 이불 속에서 나오고 싶지 않다는 생각, 한 번쯤 해보셨나요? 날씨 때문에 밖에 나가지 않고 하루 종일 잠만 자고 싶다는 생각이 들지만 안타깝게도 우리는 그럴 수 없습니다. 가끔은 동물처럼 겨울잠을 자고 싶다는 생각을 하기도 하죠. 도대체 왜 인간은 겨울잠을 자지 않는 것일까요? 인간도 겨울잠을 잘 수 있을까요?

동물들이 겨울잠을 자는 이유

   겨울이 되면 먹을 것이 많이 없기 때문에 가을에 많이 먹어둔 뒤 겨울 내내 잠을 자다가 봄에 깨어나는 것을 '겨울잠'이라고 합니다. 설령 먹을 것이 많이 있다고 해도 추운 날씨를 버틸 수 없는 동물이라면 겨울잠을 잡니다. 다람쥐나 개구리가 겨울잠을 자는 대표적인 동물이죠.

   무언가를 먹으면 그 무언가에서 영양분을 흡수하고 흡수한 영양분으로 에너지를 만들어냅니다. 이것을 '물질대사'라고 합니다. 동물이 살기 위해선 에너지가 필요합니다. 자는 동안에도 에너지가 필요한 건 마찬가지이죠. 겨울잠을 자게 되면 물질대사가 5퍼센트 이하로 떨어지게 됩니다. 그와 함께 심장박동 수도 300회 이상에서 6회 미만으로 급격하게 감소합니다. 전체적

인 장기의 활동량이 줄어드는 것이죠. 호흡도 감소하고 에너지가 없으니 체온을 유지하지 못합니다. 말이 겨울잠이지 거의 죽기 직전까지 간다고 생각하면 됩니다. 쉽게 말해 컴퓨터나 스마트폰을 절전 모드로 두는 것이라고 할 수 있습니다.

미국 콜로라도주립대학교의 헨리 스완 박사는 겨울잠을 자는 동물을 연구해 어떻게 사람에게 적용할 수 있을지를 고민했습니다. 아프리카 폐어는 여름잠을 자는 물고기인데 1960년대 헨리 스완은 여름잠을 자고 있는 폐어의 뇌에서 추출한 물질을 쥐에게 투입하는 실험을 진행했습니다. 시간이 조금 흐르자 쥐의 물질대사가 감소했고 체온도 낮아지는 결과를 얻게 되었습니다. 이것으로 겨울잠을 자는 동물을 연구해 겨울잠과 관련된 물질을 추출해낸다면 인간에게도 적용할 수 있다는 가능성이 열리게 되었습니다.

계속되는 겨울잠 연구

2013년 미국의 도메니코 투폰 교수는 쥐 연구를 통해 겨울잠을 자게 만드는 스위치를 찾아내는 데 성공했습니다. 아데노신 수용체라고 불리는 'A1AR'이 바로 그것인데 이 수용체에 아데노신을 결합시키면 물질대사, 심장박동, 호흡이 줄어든다는 것을 확인했습니다. 사람 역시 겨울잠 스위치인 A1AR이 있다고 합니다. 하지만 아쉽게도 A1AR과 결합할 아데노신이 다른 동물에 비해 적게 만들어져 이것으로 겨울잠을 자는 것은 힘들다고 합니다.

2011년 연세대학교 최인호 교수는 물질대사를 조절하는 T1AM을 쥐에게 투여하는 실험을 진행했는데, 쥐가 5일 동안 겨울잠에 빠졌다고 합니다. 이 물질 중 어떤 것이 인간을 겨울잠에 빠지게 할 수 있는지는 아직 더 연구가 필요하다고 합니다.

고대 인류인 네안데르탈인은 겨울잠을 잤을 수도 있다는 가설도 있는 걸로 봐서 어쩌면 인간도 겨울잠을 잘 수 있다는 것이 마냥 허무맹랑한 소리는 아닐 수도 있습니다. 불을 다루고 옷을 입게 되면서 굳이 겨울잠이 필요하지 않아 이런 모습으로 진화한 것일지도 모르죠.

물론 우리에게 겨울잠은 사치일지도 모릅니다. 하지만 겨울잠은 오랜 시간이 걸릴 수밖에 없는 우주 연구나 장시간 수술을 할 때, 수명 연장을 하는 용도로 사용될 수 있기에 계속 연구할 가치가 있는 주제인 것이죠.

일단 알아두면 교양 있어 보이는 과학 용어

▸ 겨울잠: 겨울이 되면 동물이 활동을 중단하고 땅속 따위에서 겨울을 보내는 일.
▸ 물질대사: 생물체가 몸 밖으로부터 섭취한 영양물질을 몸 안에서 분해하고, 합성하여 생명 활동에 쓰는 물질이나 에너지를 생성하고 필요하지 않은 물질을 몸 밖으로 내보내는 작용.

야한 걸 많이 보면
머리카락이 빨리 자랄까?

사람의 머리카락은 하루 평균 0.3밀리미터씩 자라 한 달이면 약 1센티미터가 자랍니다. 머리카락이 많이 길면 지저분해서 혹은 다른 스타일을 원해서 머리를 자르고는 합니다. 그런데 머리카락을 자른 지 얼마 안 되었는데, 금방 머리카락이 자랐다면 누군가 이런 말을 하곤 합니다. "머리가 왜 이렇게 빨리 자랐어? 야한 거 많이 본 거 아니야?" 이 말처럼 야한 걸 많이 보면 정말 머리카락이 빨리 자랄까요?

우리 몸의 털이 자라는 원리

머리카락을 포함한 눈썹, 콧수염, 겨드랑이 털처럼 온몸에 나는 털의 성장에는 남성호르몬이라 불리는 안드로겐 그중에서도 테스토스테론이 중요한 역할을 합니다. 우리 몸 밖에 난 털을 모발이라고 하고 몸 안에 있는 털을 모근이라고 합니다. 모근을 감싸고 있는 것을 모낭이라고 하는데, 모근은 모낭으로부터 영양분을 공급받아 자라나게 됩니다.

모낭에는 '5알파 환원효소'라는 것이 있는데 이 효소가 테스토스테론과 만나면 DHT라고 불리는 '디하이드로 테스토스테론'으로 바뀝니다. 모근에 있는 안드로겐 수용체와 DHT가 만나면 인슐린 유사 성장인자IGF-1가 만들어져 모발의 성장을 도와줌

테스토스테론

↓

5알파 환원효소

↓

디하이드로 테스토스테론

니다. 즉 테스토스테론이 많이 분비돼 DHT가 많이 만들어지면 모발이 평소보다 더 빠르게 자랄 수 있다는 것이죠. 연구에 따르면 야한 영상을 볼 때도 테스토스테론이 분비된다고 합니다. 그렇기 때문에 야한 걸 보면 모발이 더 빠르게 자랄 가능성이 있긴 합니다.

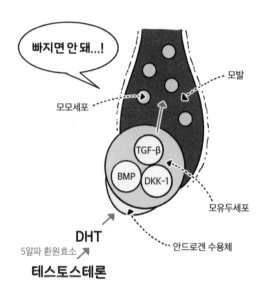

그런데 이것은 눈썹 아래에 있는 털만 해당되는 사항입니다. 모발의 성장을 도와주는 인슐린 유사 성장인자가 머리카락에서는 분비되지 않기 때문이죠. 게다가 정수리 부분과 앞머리 모근에 있는 안드로겐 수용체와 DHT가 만나면 전환 성장인자TGF-

194

beta1가 분비되는데 전환 성장인자는 모발의 성장을 억제하는 역할을 합니다. 즉 야한 것을 봐서 테스토스테론이 많이 분비되면 콧수염이나 겨드랑이 털은 빨리 자랄 수 있지만, 머리카락은 빨리 자라기는커녕 오히려 빠질 가능성이 있다는 것이죠. 물론 이것은 어디까지나 가능성의 문제입니다.

테스토스테론이 많이 분비된다고 해도 결국 DHT로 바뀌지 않는다면 콧수염이나 겨드랑이 털이 빨리 자라거나, 머리카락이 빠지는 일은 일어나지 않습니다. 게다가 사정을 하면 테스토스테론의 양이 다시 줄어든다고 하니 야한 것을 보는 것과 머리카락의 성장은 아무런 관계가 없다고 말할 수 있을 것 같습니다. 일부 사람들은 자위나 성관계를 많이 하면 탈모가 올 수 있다고 말하기도 하지만 아직까지는 과학적으로 증명된 사실은 아닙니다.

일단 알아두면 교양 있어 보이는 과학 용어

▶ 환원효소: 생체 내에서 물질의 환원에 촉매 역할을 하는 효소를 통틀어 이르는 말.

가족끼리 결혼은
왜 금지되어 있을까?

　부모와 자식 관계 혹은 나와 사촌의 관계, 삼촌, 이모와 조카 관계처럼 촌수가 가까운 관계를 '근친'이라고 합니다. 근친 간에 성관계를 하면 '근친상간'이라고 하고 근친 간에 결혼을 하면 '근친혼'이라고 합니다. 우리나라에서는 근친혼 즉 가족이나 친척과의 결혼은 법적으로 금지되어 있습니다. 그런데 아무리 가족이라고 해도 서로가 사랑하면 결혼할 수 있는 건데 법으로 금지까지 했다니 조금 심하다는 생각이 들기도 합니다. 대체 가족끼리의 결혼은 어떤 이유로 금지된 것일까요?

가족끼리 결혼하지 못하는 이유, 유전자

　가족끼리 결혼을 하는 것은 우리나라뿐만 아니라 전 세계적으로 금지되어 있습니다. 금지의 가장 큰 원인은 바로 유전자입니다. 우리는 부모님의 유전자를 반반씩 물려받게 됩니다. 우리의 특징을 결정짓는 유전자는 대립되는 유전자를 가지고 있습니다. 머리카락의 색깔이 흑발인 것과 금발인 것, 눈동자의 색깔이 흑색인 것과 푸른색인 것, 곱슬머리인 것과 생머리인 것이 대표적입니다.

　아빠와 엄마 모두에게 흑발 유전자를 받으면 자식은 흑발입니다. 또 아빠와 엄마 모두에게 금발 유전자를 받으면 자식은 금발이 되죠. 하지만 아빠에게 금발 유전자를, 엄마에게 흑발 유전자를 받으면 자식은 흑발이 됩니다. 반대로 아빠에게 흑발 유

금발은 열성,
흑발은 우성이야!

전자를, 엄마에게 금발 유전자를 받아도 자식은 흑발이 되죠. 이처럼 흑발 유전자와 금발 유전자가 만나면 언제나 흑발 유전자가 발현됩니다.

대립되는 유전자가 있을 때 발현되는 유전자를 '우성인자'라고 하고 그렇지 못한 유전자를 '열성인자'라고 합니다. 사람이 걸릴 수 있는 일부의 질병은 유전자가 원인이 되곤 하는데 백색증, 혈우병, 근위축증 같은 것들이 대표적이죠.

물론 우성인자에 의한 유전병도 있지만 꽤 많은 유전병이 열성인자에 의해 발생한다고 합니다. 신체적 특징과 마찬가지로 유전병도 우성인자와 열성인자가 같이 있으면 질병이 발현되지 않습니다. 예를 들어, 혈우병의 원인이 되는 유전자는 X 염색체에 존재합니다. 혈우병 유전자가 있으면 열성, 없으면 우성입니다. 여자의 경우 XX 염색체기 때문에 하나의 X 염색체에만 혈우병 유전자가 있으면 우성인자와 열성인자가 같이 있으니 혈우병 보인자가 되지만 혈우병에는 걸리지 않습니다.

남자의 경우 XY 염색체기 때문에 X 염색체에 혈우병 유전자가 있으면 열성만 있으니 혈우병에 걸리게 됩니다. 예를 들어 아빠는 혈우병 유전자를 가지고 있지 않고 엄마는 혈우병 보인자라고 해봅시다. 아빠의 X 염색체와 엄마의 혈우병이 없는 X 염색체를 받은 딸은 혈우병에 걸리지 않습니다. 아빠의 X 염색체와 엄마의 혈우병이 있는 X 염색체를 받은 딸은 엄마와 같은 혈우병 보인자가 됩니다. 이런 식으로 혈우병 보인자 사이에서 나

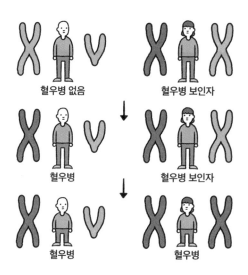

혈우병 없음 혈우병 보인자

혈우병   혈우병 보인자

혈우병   혈우병

온 아이는 열성인자를 가지고 태어날 확률이 더 높고 이것은 세대를 거듭할수록 비율이 올라가게 될 것입니다.

만약 아빠가 한 전염병에 약한 유전자를 가지고 있다면 자식역시 그 전염병에 약할 수 있습니다. 이때 아빠와 딸이 결혼을해 아이를 낳는다면 그 아이 역시 전염병을 이겨내기 힘들 것입니다. 이런 상태에서 전염병이 터진다면 이 가족은 한순간에 풍비박산 날지도 모릅니다. 그렇게 때문에 가족끼리 결혼은 금지되어 있는 것입니다.

일단 알아두면 교양 있어 보이는 과학 용어

▸ 우성인자: 어떤 특성에 대하여 대립되는 형질보다 우세하게 표현되는 형질의 유전자.
▸ 혈우병: 조그만 상처에도 쉽게 피가 나고, 잘 멎지 않는 유전병.

운동을 하면
어떻게 근육이 커지는 걸까?

운동을 하면 뇌가 활성화 되기 때문에 건강한 정신과 튼튼한 신체를 만들 수 있습니다. 또 운동을 꾸준히 하면 근육이 커지기 때문에 몸에 대한 변화를 느낄 수 있죠. 근력 운동을 하면 어떤 원리로 근육이 커지는 걸까요?

근육은 몸무게의 절반 정도를 차지하는데요. 뼈와 신체 기관을 보호하고 관절을 움직일 수 있게 만들어줍니다. 어떤 물건을 집으려고 하면 뇌는 운동뉴런에게 신호를 보내고 운동뉴런은 근육에게 신호를 전달합니다. 그럼 근육이 이완됐다 수축되면서 관절이 움직이고 물건을 잡을 수 있게 되죠.

평소 우리는 많은 근육을 움직이긴 하지만 일상적인 움직임

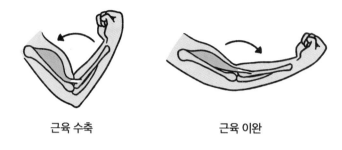

근육 수축   근육 이완

은 큰 힘이 필요하지 않아서 근육에 무리를 주지 않습니다. 하지만 운동을 하는 경우라면 조금 다릅니다. 만약 손으로 무거운 덤벨을 든다면 평소보다 더 많은 힘이 필요하기 때문에, 팔 근육의 운동뉴런이 활성화되고 이 운동뉴런들이 팔 근육으로 더 많은 신호를 전달하게 됩니다.

근육이 발달하는 과정

근육은 수많은 근섬유로 구성되어 있는데 큰 자극에 노출되면 미세하게 손상됩니다. 손상을 입은 근섬유는 면역 세포가 분비하는 신호 단백질 분자인 '사이토카인'에 의해 자연스럽게 회복되죠. 이때 우리의 몸은 같은 자극을 받았을 때 근육이 또 손상되는 것을 방지하기 위해 근육을 더욱 발달시킵니다. 정리하자

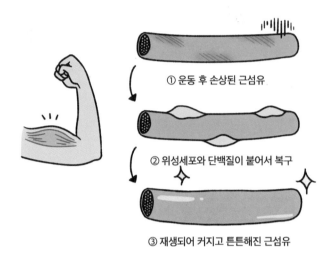

① 운동 후 손상된 근섬유

② 위성세포와 단백질이 붙어서 복구

③ 재생되어 커지고 튼튼해진 근섬유

면 우리 몸은 손상된 근육세포만 복구하는 게 아니라 미래를 대비해 더 많은 양의 근육세포를 만들어냅니다. 이런 과정을 반복하다 보면 근육이 점점 커지면서 무거운 덤벨을 어렵지 않게 들 수 있게 되는 것이죠.

운동을 막 끝낸 뒤 거울을 보면 평소보다 근육이 커진 것을 볼 수 있습니다. 근육 펌핑은 자극으로 인해 많은 혈액이 몰려 발생하는 것으로 시간이 지나면 원래대로 돌아갑니다. 운동을 끝낸 뒤 펌핑된 근육을 보고 몸이 꽤 좋아졌다고 생각하는 것은 큰 오산입니다.

근육은 휴식을 하는 동안 발달되고 커집니다. 그리고 충분한 영양분 섭취가 중요한데 특히 단백질이 필요하죠. 운동을 하면 테스토스테론이라는 호르몬이 분비되며 이 호르몬에 의해 단백질이 합성되고 근육을 발달시키는 데 도움을 줍니다. 여자는 남자보다 테스토스테론의 분비가 적기 때문에 같은 양의 운동을 하더라도 근육이 덜 발달되고, 같은 이유로 나이가 들면 호르몬의 분비가 줄어들기 때문에 근육을 키우는 것이 힘들어집니다.

무리한 운동을 한 다음 날이면 근육통이 느껴집니다. 근육통은 손상된 근섬유가 회복되는 과정에서 느껴지는 통증으로, 시간이 지나 근섬유가 재생되면 자연스럽게 사라집니다. 근육 회복은 잠을 자는 동안 가장 활발하게 이루어집니다. 그렇기에 근육을 키우기 위해서는 운동만큼 휴식도 아주 중요합니다.

눈을 깜빡이지 않으면
어떻게 될까?

  우리는 의식하지 않아도 1분에 약 15번, 한 시간에 약 900번, 하루에 약 1만 4,400번 정도 눈을 깜빡입니다. 우리가 눈을 깜빡이는 이유는 눈을 보호하기 위함입니다. 눈은 외부의 위험에 노출되어 있기 때문에 먼지나 세균 같은 이물질의 영향을 항상 받을 수밖에 없습니다. 눈을 깜빡이면 눈에 눈물이 분비되는데, 눈물은 이물질이 들어오는 것을 막아주고 이미 들어온 이물질을 씻어내며 눈에 산소를 공급해주는 역할을 합니다.

  검은자에 있는 투명한 막을 '각막'이라고 하는데 각막에는 혈관이 없기 때문에 눈물이 아니면 산소를 공급받을 수 없습니다. 게다가 눈을 깜빡이면 그 순간 뇌가 잠깐 휴식한다는 얘기도 있기에, 눈을 깜빡이는 건 아주 중요하다고 할 수 있습니다. 그렇다면 만약 계속 눈을 깜빡이지 않으면 어떻게 될까요?

눈싸움을 이기기 위해 몇 분까지 버틸 수 있을까?

1분 정도 눈을 깜빡이지 않으면 눈에 눈물이 말라 통증이 느껴집니다. 눈싸움을 할 때 다들 이런 경험해본 적 있으시죠? 눈물이 마르면 뇌는 눈에 문제가 생겼다고 판단해 몸속에 있는 수분을 눈으로 보냅니다. 그래서 눈물이 또르르 흐르기도 하죠. 2분 정도 눈을 깜빡이지 않으면 뇌는 부족한 산소를 보충하기 위해 눈으로 피를 보냅니다. 그래서 눈이 충혈되기 시작하죠. 눈물이 마르면 공기 중에 떠다니던 이물질이 눈에 들어와도 빠져나가지 못합니다. 그래서 눈에 큰 통증을 느끼게 됩니다.

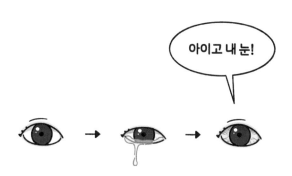

5분 정도 눈을 깜빡이지 않으면 눈이 더 충혈되고 통증이 더 심해집니다. 그리고 시야가 흐릿해지죠. 20분 정도 눈을 깜빡이지 않으면 눈에 피가 많이 몰리기 때문에 눈이 붓기 시작하고 각막이 손상됩니다. 지금이라도 눈을 깜빡이면 모든 상황이 해결될 수 있지만 계속 깜빡이지 않으면 점점 심각해져 시력을 영구적으로 잃게 될 수도 있습니다.

92분 동안 눈을 깜빡이지 않았다면, 방금 세계 기록을 경신했습니다. 2021년 인도의 아난드 하리다스라는 사람은 91분 동안 눈을 깜빡이지 않아 인도 기네스북에 올랐습니다. 그는 3년이나 연습한 끝에 91분 동안 눈을 깜빡이지 않을 수 있었다고 합니다.

눈을 깜빡이지 않으면 벌어지는 일

흰자에 있는 막을 '결막'이라고 하는데 2시간 동안 눈을 깜빡이지 않으면 결막이 손상되기 시작합니다. 5시간 동안 눈을 깜빡이지 않으면 붓기가 더 심해져 눈이 빠질 것 같은 느낌이 듭니다. 12시간 동안 눈을 깜빡이지 않으면 눈에 붙은 이물질이 제거되지 않아 시야를 방해합니다. 앞을 보려면 빛이 필요한데 이물질에 가려 빛이 잘 들어오지 않게 되죠. 그래서 더 많은 빛을 받기 위해 동공이 확장됩니다.

하루 동안 눈을 깜빡이지 않으면 세균 감염이 시작되고 이틀 동안 눈을 깜빡이지 않으면 시력에 문제가 생겨 물체가 두 개로 보이는 현상을 경험하게 됩니다. 이때부터는 돌이킬 수 없는 손상이 시작됩니다. 3일 동안 눈을 깜빡이지 않으면 더 이상 통증이 느껴지지 않습니다. 통증을 느낄 수 있는 세포가 모두 죽어버렸기 때문이죠.

4일 동안 눈을 깜빡이지 않으면 더 이상 볼 수 있는 것이 없습니다. 눈의 기능은 완전히 상실되었고 이곳을 통해 세균이 몸속으로 들어오게 됩니다. 세균을 차단하지 않으면 목숨이 위험할 수 있기 때문에 안구를 적출해야 할 수도 있습니다. 그러니 이렇게 되고 싶지 않다면 지금 당장 눈을 깜빡이세요. 깜빡.

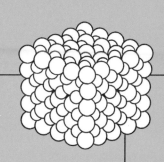

PART 04

우리 곁에 있지만
미처 몰랐던
사물의 작동 원리

노이즈 캔슬링은 어떻게 주변 소음을 없앨까?

노이즈 캔슬링은 이어폰이나 헤드폰에 있는 기능으로 외부에서 들리는 소음을 차단해 오로지 이어폰에서만 들리는 소리에 집중할 수 있게 해줍니다.

노이즈 캔슬링은 패시브 노이즈 캔슬링과 액티브 노이즈 캔슬링, 이렇게 두 가지로 나눌 수 있습니다. 물리적으로 소음을 차단하는 패시브 노이즈 캔슬링은 말 그대로 별다른 기술 없이 귀를 완전히 덮어버리는 방법으로 소음을 차단하는 방식입니다. 우리 주변에서 쉽게 볼 수 있는 방음 부스나 귀마개가 패시브 노이즈 캔슬링에 해당한다고 할 수 있습니다.

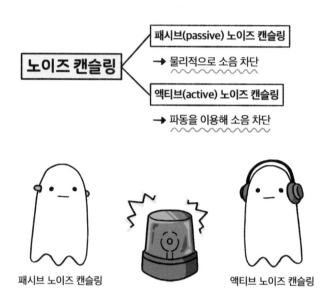

패시브(passive) 노이즈 캔슬링

→ 물리적으로 소음 차단

액티브(active) 노이즈 캔슬링

→ 파동을 이용해 소음 차단

노이즈 캔슬링

패시브 노이즈 캔슬링

액티브 노이즈 캔슬링

그리고 파동을 이용해 소음을 차단하는 액티브 노이즈 캔슬링은 이어폰으로 전달되는 소리와 반대되는 소리를 방출해 최종적으로 그 소리를 없애주는 기술입니다.

예를 들면, 누가 바위를 10의 힘으로 밀면 바위는 밀리게 됩니다. 이렇게 바위가 밀리는 것이 소음이라고 정의해보죠. 그런데 이때 내가 반대쪽에서 똑같이 10의 힘으로 바위를 밀면 바위는 밀리지 않고 가만히 있게 됩니다. 같은 힘으로 밀어주면 소음이 나지 않는다는 것이죠. 이것이 바로 노이즈 캔슬링의 원리입니다.

파동을 이용한 상쇄 간섭의 원리

소리는 파동입니다. 일반적으로 보이는 파동을 정위상이라고 하면, 이 파동과 반대되는 파동은 역위상이라고 합니다. 소리는 각각마다 파동을 가지고 있습니다. 정위상과 정위상이 만나면 파동에 간섭이 일어나 소리가 더욱 커지게 됩니다. 이것을 '보강 간섭'이라고 하죠. 반대로 정위상과 역위상이 만나면 역시 파동에 간섭이 일어나게 되는데 이때는 소리가 사라지게 됩니다. 이것을 '상쇄 간섭'이라고 하죠. 이것이 바로 노이즈 캔슬링의 원리입니다.

노이즈 캔슬링이 있는 이어폰에는 우리에게 소리를 전달하는 스피커뿐만 아니라 마이크가 탑재되어 있습니다. 마이크는 외부에서 오는 소리, 즉 소음을 듣는 역할을 합니다. 마이크가 이 소

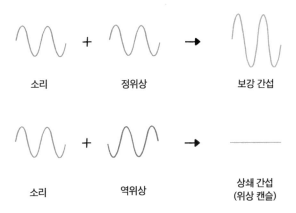

| 소리 | 정위상 | 보강 간섭 |

| 소리 | 역위상 | 상쇄 간섭
(위상 캔슬) |

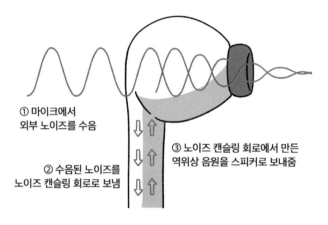

① 마이크에서
외부 노이즈를 수음

② 수음된 노이즈를
노이즈 캔슬링 회로로 보냄

③ 노이즈 캔슬링 회로에서 만든
역위상 음원을 스피커로 보내줌

리를 들으면 이어폰이 소리를 빠르게 분석해 역위상을 만들어냅니다. 그리고 스피커로 역위상을 방출시키면 상쇄 간섭이 일어나 주변 소리가 사라지게 됩니다. 즉 노이즈 캔슬링은 실시간으로 이루어지는 정교한 계산의 결과라고 할 수 있습니다. 그렇기 때문에 이어폰의 성능이 좋을수록 노이즈 캔슬링이 잘 이루어지며, 반복적이고 규칙적인 소음일 때 더 효과적입니다.

노이즈 캔슬링 기능이 있어도 갑자기 발생하는 쿵 하는 소리나 자동차 경적 소리까지는 차단하지 못하는데, 이렇게 갑작스럽게 발생하는 소음은 역위상을 만들어내기도 전에 우리의 귀로 들어오기 때문입니다. 사람이 말하는 소리 역시 불규칙적이기 때문에 노이즈 캔슬링이 잘 이루어지지 못합니다.

노이즈 캔슬링은 최근 나오는 이어폰이나 헤드폰에 탑재되어 있기에 새롭게 만들어진 기술이라고 생각할 수 있지만 사실 굉장히 오래된 기능입니다. 1930년대 노이즈 캔슬링이 처음 등장하기 시작했는데 과거에는 비행기 조종사의 청력을 보호하기 위해 사용되었다고 합니다.

일단 알아두면 교양 있어 보이는 과학 용어

▸ 노이즈 캔슬링: 주변 소음을 차단하는 기술.
▸ 파동: 공간의 한 점에 생긴 물리적인 상태의 변화가 차츰 둘레에 퍼져 가는 현상.

스마트폰을 사용할수록
배터리 수명이 줄어드는 이유?

스마트폰을 산 지 얼마 안 됐을 땐 몇 시간을 사용해도 배터리가 넉넉하게 남아있습니다. 하지만 시간이 흘러 배터리를 계속 사용하다 보면 점점 배터리 닳는 속도가 빨라지게 됩니다. 그래서 한 시간도 안 썼는데 다시 충선을 해야 하는 상황이 되기도 하죠. 스마트폰을 사용하면 사용할수록 배터리의 수명이 점점 줄어드는 이유는 무엇일까요?

배터리는 전자기기가 작동할 수 있도록 전기 에너지를 공급해주는 장치입니다. 전지라고 말하기도 하는데 충전이 불가능한 '일차전지'와 충전이 가능한 '이차전지'로 나눌 수 있습니다.

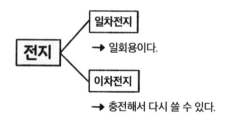

스마트폰, 노트북, 무선 이어폰, 전기 자동차에 사용되는 것이 바로 이차전지인데요. 이차전지에는 여러 가지 종류가 있지만, 리튬으로 만들어진 리튬이온 전지가 가장 많이 사용되고 있습니다. 리튬이온 전지는 리튬이온을 보관하고 있는 리튬이온의 집이라고 할 수도 있는 플러스(+)인 양극재와 마이너스(-)인 음극재, 그리고 양극재와 음극재 사이를 이동할 수 있도록 도와주는 전해질, 배터리가 사용되지 않을 때 리튬이온의 이동을 막는 분리막으로 구성되어 있습니다.

배터리 충전의 원리

충전된 배터리의 리튬이온은 음극재에 머물러 있습니다. 이때 스마트폰을 사용하면 음극재에 있는 리튬이온이 전자를 잃어버리게 되고 전해질을 통해 양극재로 이동하게 됩니다. 잃어버

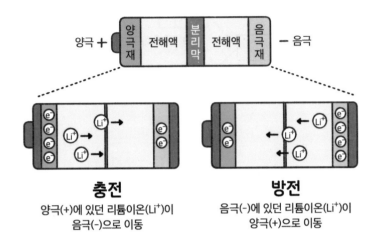

충전
양극(+)에 있던 리튬이온(Li⁺)이
음극(-)으로 이동

방전
음극(-)에 있던 리튬이온(Li⁺)이
양극(+)으로 이동

린 전자는 도선을 따라 음극재에서 양극재로 이동하는데 이때 이동하는 과정에서 전자가 가지고 있는 전기 에너지가 소모되면서 스마트폰이 작동하게 됩니다. 즉 배터리가 닳는다는 것은 음극재에 있는 리튬이온이 양극재로 이동하는 현상이라고 말할 수 있습니다. 이것을 방전이라고 하죠.

배터리를 전부 사용하면 모든 리튬이온이 양극재에 머물러 있습니다. 이때 리튬이온은 특정 금속과 산소와 결합해 리튬 금속 산화물 형태로 존재하는데 이런 상태에서 충전기를 연결하면 양극재에 있는 리튬 산화물에서 리튬이온이 다시 분리돼 분리막을 거쳐 음극재로 이동하게 됩니다. 그리고 잃어버렸던 전자들이 양극재에서 도선을 따라 음극재로 이동해서 음극재에서 다시 리튬이온이 전자를 얻게 되죠. 배터리의 사용과 충전은 이런 원리로 이루어지는 것입니다.

리튬이온 전지의 음극재, 즉 리튬이온의 집은 흑연으로 만들어집니다. 흑연은 원자의 구조가 안정적이고, 구조적인 특성상 리튬이온을 많이 저장할 수 있고 가격이 저렴하기 때문에 음극재로 사용하기 적합한 소재라고 할 수 있습니다. 그런데 흑연은 사용할수록 구조가 점점 변해 저장할 수 있는 리튬이온의 수가 줄어들게 됩니다.

계속해서 사용하고 충전하다 보면 리튬이온이 머물 수 있는 집이 하나둘 무너진다는 것이죠. 집이 무너지면 음극재에 머무는 리튬이온의 수가 줄어들고, 리튬이온이 저장할 수 있는 전자의 수도 줄어들어 전기 에너지 충전량이 감소하게 됩니다. 그래서 스마트폰을 사용하면 사용할수록 배터리의 수명이 줄어드는 것입니다.

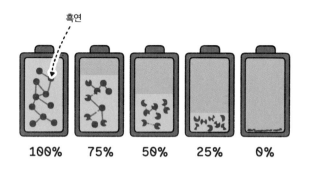

정리하자면 방전과 충전을 반복할수록 리튬이온이 머무는 집은 무너지기 시작하고, 리튬이온이 머무를 공간이 줄어들면 아무리 충전을 해도 이전과 같은 성능을 내지 못하게 되는 것입니다.

일단 알아두면 교양 있어 보이는 과학 용어

▸ 전지: 전극 사이에 전기 에너지를 발생시키는 장치.

삶은 달걀을 날달걀로
되돌리는 방법이 있을까?

여러 가지 달걀 요리 중에서 어떤 것을 가장 좋아하시나요? 달걀은 요리 방법이 다양해서 어떻게 요리하느냐에 따라 결과물이 다양한데요. 어떤 요리든 마찬가지지만 달걀 역시 한번 익히면 다시 원상태로 되돌릴 수 없기 때문에, 달걀을 삶았는데 갑자기 계란프라이가 먹고 싶어져도 별수 없이 삶은 달걀을 먹어야 합니다. 그런데 만약 삶은 달걀을 다시 날달걀로 되돌릴 수 있는 방법이 있다면 어떨까요?

꼬인 단백질이 풀어지는 이유?

　단백질은 기본적으로 꼬인 구조를 가지고 있는데 이런 구조가 조금이라도 달라지면 성질이 변하게 됩니다. 단백질에 열을 가하면 분자운동이 활발해지고 꼬여있던 구조가 풀어집니다. 구조가 풀어진 단백질 분자들은 주위의 다른 단백질 분자들과 만나 새로 결합합니다. 열이 가해질수록 더 많은 단백질 결합이 이뤄지고 결국 응고되어 하나의 고체가 됩니다. 이것을 '단백질 변성'이라고 합니다. 달걀에는 단백질이 많이 들어있기 때문에 열을 가하면 액체였던 달걀이 고체로 변하게 되는 것이죠.

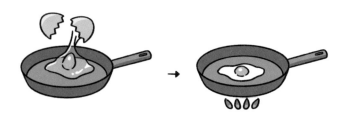

열에 의한 계란 단백질 변성

　이렇게 한번 성질이 변한 것이 다시 원래의 상태로 돌아가지 못하는 것을 비가역적 변화라고 합니다. 하지만 단백질의 경우 분자가 결합했던 방법을 역행하면 원래의 상태로 되돌릴 수 있

222

습니다. 먼저 삶은 달걀과 물, 요소를 한곳에 넣고 섞어줍니다. 요소는 단백질이 분해되고 난 뒤에 나오는 최종 분해산물인데요. (단백질이 분해되면서 암모니아가 생성되고, 이 암모니아가 간에서 요소로 전환) 사람의 오줌에 들어있으며 비료로 사용되거나 화장품을 만들 때 사용하기도 합니다. 요소와 단백질이 만나면 요소가 단백질을 코팅해 결합된 단백질이 서로 미끄러지게 만듭니다. 그럼 단백질 분자의 결합이 끊어져 고체였던 달걀이 액체로 변하게 됩니다.

하지만 이렇게 액체가 됐다고 해서 원래의 성질을 가지고 있는 것은 아닙니다. 결합이 끊어진 단백질을 다시 꼬이게 만들어야 하죠. 단백질을 다시 꼬기 위해선 1분에 5,000번 회전하는 기

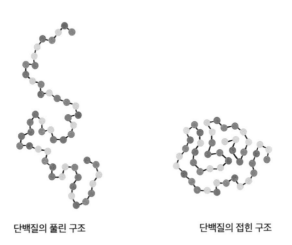

단백질의 풀린 구조   단백질의 접힌 구조

미국 캘리포니아대학교 그레고리 와이즈 교수는 삶은 달걀의 흰자처럼 굳어진 단백질을
원래의 유체 상태로 되돌리는 장치를 개발해 이그 노벨상을 받았다.

계에 이 액체를 넣어야 합니다. 무언가가 회전하게 되면 중심에
서 멀어질수록 더 빠른 속도로 돌게 됩니다. 안쪽에 있는 액체와
바깥쪽에 있는 액체 간에 속도 차이가 생기게 되고 단백질이 늘
어났다 줄어들면서 원래의 모양으로 되돌아갑니다. 그리고 회
전을 멈추면 원래의 날달걀과 같은 상태로 변하는 것입니다.

하지만 이렇게 되돌리는 기술은 달걀 흰자만 가능하며, 흰자
라고 하더라도 강한 열에 조리할 경우 단백질 결합이 더욱 단단
해지기 때문에 영영 되돌릴 수 없다고 합니다. 이렇게 단백질 분
자를 펴주는 장치를 개발한 미국 캘리포니아대학교 그레고리 와
이즈 교수와 호주 플린더스대학교의 콜린 래스턴 교수는 이 기

술로 다소 황당하지만 멋진 연구에 수여하는 상인 이그노벨상을 2015년에 수상하기도 했습니다.

사실 이 기술은 진짜로 삶은 달걀을 날달걀로 바꾸기 위해 개발한 것은 아닙니다. 그동안 제약회사에서 약을 만들 때 단백질을 한번 사용하면 재사용할 수 없어 돈이 많이 들었습니다. 하지만 이 기술을 이용하면 단백질을 재생할 수 있기 때문에 약을 만드는 데 돈이 절약됩니다.

또한 이 기술을 이용하면 흡수가 더 잘되는 약을 만들 수 있습니다. 그래서 암 치료제를 만드는 데 활용하고 있다고 합니다. '삶은 달걀을 날달걀로 바꿀 수 있을까?' 하는 생각은 꽤 바보 같다고 느껴지지만 때로는 이런 바보 같은 생각이 과학 발전에 큰 업적을 남기기도 합니다.

일단 알아두면 교양 있어 보이는 과학 용어

▸ 이그 노벨상: 노벨상을 패러디한 상으로 실제 논문으로 발표된 과학적인 업적 가운데 재밌거나 엉뚱한 연구를 선정한다.

음주측정기는 후 불기만 해도 어떻게 술 마신 걸 알아낼까?

술을 마신 뒤 운전을 하는 것을 음주 운전이라고 합니다. 술을 마시면 반응속도와 운동 능력, 판단력이 떨어지고 시야와 집중력이 떨어지게 됩니다. 이런 상태로 운전을 하면 나뿐만 아니라 주변 사람들에게 엄청난 피해를 줄 수 있기 때문에 절대로 해서는 안 되는 행위이죠. 그래서 음주 운전은 예비 살인이라고 말하기도 합니다.

하지만 이런 말을 귀 아프게 해도 음주 운전을 하는 사람들이 있습니다. 2022년 기준 우리나라의 음주 운전 사고는 1만 5,000건으로 이 중 사망자는 214명이었습니다. 이런 이유 때문에 경찰이 도로에 직접 나와 음주 운전 단속을 하기도 합니다. 음주

운전 단속은 음주측정기에 입김을 부는 것으로 이루어지는데, 대체 음주측정기는 어떤 원리이기에 후 불기만 해도 술을 마셨는지 판별하는 걸까요?

알코올이 해독되는 과정

술을 마시면 술에 있는 알코올이 빠르게 흡수되어 혈관을 타고 흐릅니다. 이후 간으로 이동해 '알코올 탈수소효소ADH'에 의해 아세트알데히드로 분해되고 '아세트알데히드 탈수소효소ADLH'에 의해 아세트산으로 분해된 뒤 몸 밖으로 배출됩니다. 이렇게 알코올이 소화되는 과정에서 혈관 속에 남아있던 일부의

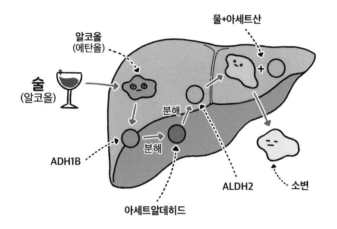

알코올은 우리가 호흡할 때 이산화탄소와 함께 배출되기도 하죠. 즉 술을 마시면 숨을 쉴 때마다 알코올을 조금씩 뱉어낸다고 할 수 있습니다.

1931년 미국의 화학자 롤라 닐 하거는 중크롬산칼륨이라는 물질을 이용한 음주측정기를 발명했습니다. 중크롬산칼륨은 붉은색 계열의 물질로 알코올과 만나면 알코올은 아세트산으로 바뀌고, 중크롬산칼륨은 녹색의 황산크롬으로 바뀌게 됩니다. 롤라 닐 하거의 음주측정기는 풍선 안에 중크롬산칼륨이 있는 형태였습니다. 술을 마신 사람이 풍선을 불면 체내에 있던 알코올이 배출되는데, 알코올은 풍선 안에 있는 중크롬산칼륨의 색을 변화시키니 이것으로 술을 마셨다는 것을 알 수 있었죠.

1939년 미국 인디애나 경찰서에서 시도된 최초의 음주측정기.

하지만 이것은 측정할 때마다 풍선 안에 들어있는 중크롬산 칼륨을 교체해야 한다는 번거로움이 있었죠. 그래서 지금은 전자식 음주측정기를 이용해 음주 단속을 합니다. 어떤 물질이 가지고 있는 전자를 빼앗기는 현상을 '산화'라고 합니다. 측정기에는 백금으로 만들어진 전극이 달려있는데 알코올이 백금 양(+)극과 만나면 전자를 빼앗겨 산화돼 아세트산으로 바뀌고, 빼앗긴 전자는 자유전자가 되어 도선을 이동하면서 전류를 흐르게 합니다.

술을 마시지 않은 사람이 음주측정기를 불면 아무 일도 일어나지 않죠. 하지만 술을 마신 사람이 음주측정기를 불면 배출되는 알코올이 백금을 만나 전자를 뱉어내고, 이로 인해 음주측정

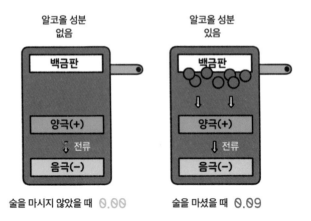

알코올 성분
없음

백금판

양극(+)

전류

음극(−)

술을 마시지 않았을 때 0.00

알코올 성분
있음

백금판

양극(+)

전류

음극(−)

술을 마셨을 때 0.09

기에 전류가 흐르게 됩니다. 음주측정기는 전류의 양을 분석해 혈중알코올농도가 얼마나 되는지를 보여줍니다. 만약 술을 많이 마셨다면 알코올이 더 많이 배출되니 더 많은 전자가 흐르면서 전류의 세기가 세져 혈중알코올농도 수치가 더 높게 나타나게 되겠죠. 음주측정기는 이런 원리로 이 사람이 술을 얼마나 마셨는지를 보여주는 것입니다.

직접 불지 않고도 음주 측정을 할 수 있을까?

그런데 이런 방식의 음주 단속은 숨을 부는 과정에서 운전자의 침이 튈 가능성이 아주 높습니다. 과거 코로나가 한참 심각할 때 단속을 하는 경찰들이 바이러스에 전염될 위험이 있었죠. 그래서 운전자가 바람을 불지 않아도 알코올을 측정할 수 있는 비접촉 음주측정기를 개발해 음주 단속을 했습니다.

비접촉 음주측정기는 기존의 음주측정기와 같은 원리지만 알코올에 대한 민감도를 높여 공기 중에 있는 알코올을 감지할 수 있게 만들어졌습니다. 술을 마신 사람이 운전 중에 숨을 쉬면 자연스럽게 알코올이 배출되고, 배출된 알코올은 차 안에 머물 것이기 때문에 직접 불지 않아도 술을 마셨는지를 알 수 있죠. 하지만 이것은 동승자가 술을 마셨거나 알코올이 들어있는 손 소독제를 사용했을 경우에도 작동하기 때문에 비접촉 음주측정기가 알코올을 감지하면 기존의 음주측정기로 다시 측정하는 식으로 음주 단속을 한다고 합니다.

그래서 최근에는 적외선흡수Infrared Absorption 방식의 음주측정기를 사용하고 있는데요. 몸에 적외선을 발사해서 혈중알코올농도를 측정할 수 있는 아주 간편한 방식입니다. 적외선흡수 방식의 측정기는 유기물이 원자 조직이나 분자구조에 따라 적외선흡수량이 차이가 나는 원리를 활용하는데요. 적외선은 파장이 길고 투과율이 높아 옷을 입고 있어도 피부를 투과해서 혈액 속에 들어있는 알코올의 양을 측정할 수 있죠. 알코올의 농도에 따라 적외선의 흡수량이 다르기 때문에, 적외선 흡수량을 통해 음주 여부를 알 수 있습니다.

일부의 사람들은 음주 단속을 피하기 위해 측정하기 전 껌이나 사탕을 먹거나 물을 마시곤 합니다. 음주측정기는 혈액 속에 녹아있는 알코올에 반응하는 것이기 때문에 당연히 이런 방법은 통하지 않습니다. 음주 단속을 피하기 위해 굳이 이런 행동을 하기보다 술을 마셨다면 운전대를 잡지 않는 것이 모두를 위한 가장 좋은 선택이 아닐까요?

▸ 산화: 어떤 원자, 분자, 이온 따위가 전자를 잃는 일.

연필은 지우개로 지워지는데 볼펜은 왜 안 지워질까?

무언가를 기록할 때 흔히 연필이나 볼펜을 사용합니다. 연필은 글씨를 쓰다 잘못되었을 때 지우개를 이용해 쉽게 지울 수 있다는 큰 장점이 있습니다. 볼펜은 잉크만 있다면 계속 사용할 수 있지만 틀렸을 경우 연필처럼 지우고 다시 쓸 수 없다는 단점이 있습니다. 물론 수정액이나 수정 테이프를 이용하면 되지만 아무래도 종이에 수정한 흔적이 남게 되죠. 둘 다 종이 위에 쓰는 건 똑같은데, 연필은 지워지고 볼펜은 지워지지 않는 이유는 무엇일까요?

연필의 구조는 나무 기둥에 흑연이 들어가 있는 형태입니다. 샤프 역시 샤프심의 주원료는 흑연입니다. 흑연은 탄소로 구성

되어 있는데 탄소는 쉽게 부서지는 특징을 가지고 있습니다. 흑연이 부서지면 흑연 가루가 종이에 가라앉습니다. 이것이 바로 연필이 종이에 써지는 원리입니다.

종이는 나무에서 뽑아낸 섬유질을 합쳐 만들어내는데 이것을 펄프라고 합니다. 종이 표면은 우리 눈으로 보기엔 매끈해 보이지만, 섬유가 얽혀있기 때문에 확대해 보면 표면이 굉장히 거칠다는 것을 알 수 있습니다. 표면이 거칠기 때문에 종이 위에 연필을 쓰면 흑연에 마찰이 발생하게 되고, 마찰에 의해 흑연이 부서지면서 섬유에 달라붙어 흔적이 남게 됩니다. 즉 연필을 종이에 쓰면 부서진 흑연이 종이와 합쳐지는 것이 아니라 종이 위에 얹어진 형태로 남게 되는 것이죠.

연필로 쓴 것을 지우개로 지울 수 있는 이유

마찰이 발생하지 않으면 연필을 사용할 수 없습니다. 그래서 표면이 매끈한 유리 같은 곳에는 연필로 글씨를 쓰려고 해도 써지지 않는 것입니다. 그렇다면 종이보다 강한 힘으로 흑연을 당겨 종이에서 떼어낼 수 있다면 연필로 쓴 것을 지울 수 있지 않을까요? 지우개는 이런 원리를 이용합니다.

지우개는 고무와 플라스틱을 합쳐 만듭니다. 흑연이 얹어진 종이에 지우개를 문지르면 종이가 흑연을 당기는 힘보다 지우개가 흑연을 당기는 힘이 더 커, 지우개에 흑연이 달라붙게 됩니다. 그런데 지우개에 흑연이 계속 달라붙어 있으면 어느 순간부턴 지우개를 문지르는 것이 아니라 지우개에 달라붙은 흑연을 문지

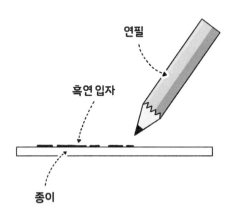

235

르는 것이 돼 더 이상 흑연을 떼어낼 수 없게 되기 때문에 조금씩 흑연이 묻어있는 부분이 떨어져 나가게 만들었죠. 이렇게 떨어져 나오는 것이 지우개 가루입니다. 즉 지우개는 연필을 지운다기보다 종이에 얹어진 흑연을 떨어뜨린다고 할 수 있습니다.

지우개로 지워지는 볼펜도 만들 수 있을까?

볼펜은 흑연이 아니라 잉크를 이용해 글씨를 씁니다. 종이 위에 볼펜을 쓰면 잉크가 묻어 나오는데 잉크 입자는 아주 작기 때문에 종이로 스며들어 하나로 합쳐지게 됩니다. 그래서 지우개로 지우려고 해도 지워지지 않는 것이죠.

물론 지워지는 볼펜도 있긴 합니다. 이 볼펜은 무색의 류코 염료와 색깔을 결정하는 현색제, 온도를 감지하는 변색 온도 조정제로 만들어진 잉크를 사용합니다. 일반적인 상황에선 류코 염료와 현색제가 결합되어 있기 때문에 볼펜을 쓰면 색깔이 있는 잉크가 종이에 스며들어 글씨가 써집니다.

지워지는 볼펜 뒤에는 순간적으로 높은 온도를 낼 수 있는 지우개가 달려있습니다. 볼펜이 써진 곳에 지우개를 문지르면 온도가 높아지고 변색 온도 조정제가 활성화됩니다. 변색 온도 조정제는 류코 염료와 현색제의 결합을 깨트리는데요. 류코 염료는 원래 무색이기 때문에 현색제와의 결합이 깨지면 볼펜의 색

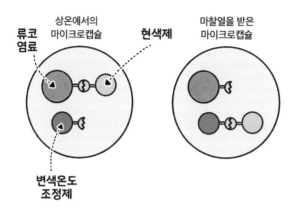

류코
염료

상온에서의
마이크로캡슐

현색제

마찰열을 받은
마이크로캡슐

변색온도
조정제

이 사라져 글씨가 지워지게 됩니다. 하지만 여전히 잉크가 종이에 스며들어 있어, 종이의 온도가 낮아지면 현색제와 결합해 글씨가 다시 나타납니다.

낮말은 새가 듣고 밤말은 쥐가 듣는다는 말은 사실일까?

말을 하는 것은 참 중요합니다. 그런만큼 말을 아끼는 것 역시 중요하죠. 내가 어떤 말을 했느냐에 따라서 다른 결과가 나타나는 경우가 있으며 다른 사람이 상처를 받는 경우도 있습니다. 그래서 그런지 '말 한마디에 천 냥 빚도 갚는다', '발 없는 말이 천리 간다', '가는 말이 고와야 오는 말이 곱다'처럼 말에 관한 속담이 참 많이 있습니다.

그중에서도 '낮말은 새가 듣고 밤말은 쥐가 듣는다'라는 속담은 듣는 사람이 없어도 말을 조심해야 한다는 뜻으로 보통 해석되는데요. 이 속담에는 속뜻 외에도 과학적인 원리가 숨어있다고 합니다.

낮에 들리지 않던 소리가 밤에 더 잘 들리는 이유

참 이상하게도 낮에는 들리지 않았던 소리가 밤이 되면 들리는 경우가 있으며 같은 소리라도 밤에는 더 크게 들리는 것처럼 느껴집니다. 이런 이유는 무엇일까요?

사람을 포함한 대부분의 동물은 귀를 통해 소리를 듣습니다. 누군가 소리를 내면 눈에 보이지 않는 공기의 떨림이 귀에 있는 고막으로 전달되고 고막이 이 진동을 감지하면서 어떤 소리인지 들을 수 있게 됩니다. 소리의 속도를 '음속'이라고 하는데 음속은 소리를 전달하는 물질(매질)이 어떤 것이냐에 따라 달라집니다. 공기 중보다 물 같은 액체에서 더 빠르고, 액체보다 땅 같은 고체에서 더 빠르게 이동합니다.

고체   액체   기체

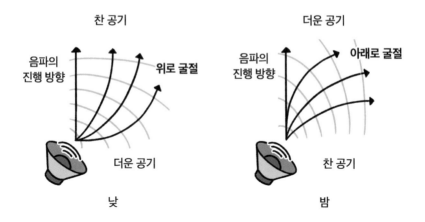

찬 공기   더운 공기

음파의 진행 방향   위로 굴절   음파의 진행 방향   아래로 굴절

더운 공기   찬 공기

낮   밤

    또한 소리는 주변 환경에 따라서 전달되는 방향이 바뀝니다. 무언가가 가로막고 있으면 소리가 잘 전달되지 않고, 바람이 부는 방향으로는 빠르게 전달되지만 바람이 부는 반대 방향으로는 늦게 전달됩니다. 온도에도 영향을 받는데 기온이 높으면 음속이 빨라지고, 기온이 낮으면 음속이 느려집니다.

    소리의 속력이 달라지면 소리는 굴질하게 됩니다. 낮에는 태양열이 지표면을 데우기 때문에 대기보다 지표면이 더 높은 온도가 됩니다. 그래서 소리가 지표면에서 대기 쪽으로 굴절하게 되고 소리는 위쪽으로 이동하게 됩니다.

    반대로 밤에는 지표면의 온도가 대기의 온도보다 더 낮은 온도가 됩니다. 그럼 소리는 대기에서 지표면 쪽으로 굴절하게 되고 아래쪽으로 이동하게 되죠. 그렇기 때문에 같은 소리라도 낮보다 밤에 더 크게 들리는 것입니다.

　새는 위쪽에서 생활하고 쥐는 아래쪽에서 생활합니다. 낮에는 소리가 위로 올라가고 밤에는 소리가 아래로 내려갑니다. 그래서 낮말은 새가 듣고 밤말은 쥐가 듣는다는 말이 생긴 것입니다.

일단 알아두면 교양 있어 보이는 과학 용어

▸ 음속: 소리가 매질을 통하여 전파되는 속도.

대체 가로등은
누가 켜고 끄는 걸까?

해가 지고 밤이 되면 어둠도 함께 찾아옵니다. 빛이 없으면 활동하는 데 어려움이 있기도 하고 위험하기도 해서 과거에는 치안 유지를 목적으로 야간에 통행을 금지하는 제도가 있기도 했습니다. 하지만 요즘에는 어둠이 깔려도 길거리에 가로등이 많이 있기 때문에 밤에도 밝은 빛을 받으며 생활할 수 있습니다.

그런데 생각해보면 참 신기한 게 가로등을 켜고 끄는 사람은 본적이 없는데 밤이 되면 켜지고 아침이 되면 꺼집니다. 마치 스스로가 아침과 밤을 아는 것처럼 말이죠. 가로등은 어떤 원리로 작동하는 것일까요?

최초의 가로등은 언제 발명되었을까?

　우리나라에 가로등이 처음 들어온 것은 1897년으로 지금처럼 전기 가로등이 아니라 석유 가로등이었습니다. 석유는 사람이 직접 채워야 했기 때문에 이때는 가로등을 관리하는 '가로등지기'라는 직업이 존재했습니다. 시간이 흘러 전기 가로등이 만들어졌고, 가로등에 일출과 일몰 시간을 입력해놓는 타이머 방식이나 가로등 통제소가 무선으로 원격 조작하는 방식으로 발전되면서 가로등지기는 역사 속으로 사라지게 되었죠.

　하지만 타이머 방식은 계절에 따라 시간을 바꿔줘야 했고, 원

예전에는 가로등지기라는 직업이 있었지.

격 조작은 너무 멀리 있는 경우 작동이 잘 되지 않는 단점이 있었습니다. 그리고 날씨가 갑자기 흐려지거나 안개가 끼는 날처럼 낮이지만 어두워서 가로등을 켜야 하는 경우 빠르게 대처하지 못했습니다. 그래서 빛을 감지하는 센서를 부착해 가로등이 자동으로 켜지는 방법으로 바뀌게 되었습니다. 이런 방법은 카드뮴과 황의 화합물인 '황화카드뮴 셀^{CdS}'이라는 광전도 소자를 이용한 것입니다.

광전도 소자를 이용한 가로등의 원리

광전도 소자는 빛이 들어오는 양에 따라 저항 값이 변화하는 특징을 가지고 있습니다. 전류가 잘 흐르는 물체를 도체라고 하고 전류가 잘 흐르지 못하는 물체를 부도체라고 합니다. 옴의 법칙에 따라 전류의 세기는 전압에 비례하고, 저항에 반비례하게 됩니다.

$$전류 = \frac{전압}{저항}$$

이게 바로 옴의 법칙이야!

전기 가로등에는 언제나 일정한 전압이 들어옵니다. 이런 상태에서 황화카드뮴 셀에 빛이 들어오면 전류가 많이 흐르게 됩니다. 그러면 일정한 전압 상태에서 전류의 양이 늘어났기 때문에 옴의 법칙에 의해 저항이 낮아지게 되죠. 즉 빛을 받으면 황화카드뮴 셀은 도체가 됩니다. 반대로 빛을 받지 못하면 전류가 줄어들고 저항이 높아져 부도체가 됩니다.

빛을 받아 도체가 된 황화카드뮴 셀은 가로등을 끄는 스위치를 작동시킵니다. 반대로 부도체가 되면, 가로등을 끄는 스위치가 작동이 되지 않아 가로등이 켜지는 것이죠. 이렇게 황화카드뮴 셀을 이용하면 낮인데도 갑자기 어두워져 가로등이 필요할 때 직접 조작하지 않아도 가로등이 스스로 켜지게 됩니다. 그리고 지금의 가로등은 GPS를 이용해 자동으로 작동하는 방식으로 바뀌고 있다고 합니다.

과거에 사용하던 타이머 방식과는 달리 지금의 가로등에는 1년치 일출, 일몰 시간이 저장되어 있고, 인공위성의 신호를 받는 GPS를 이용해 먼 거리에 있는 가로등도 작동할 수 있게 되었습니다. 이런 방식을 이용하면 가로등이 필요 없는 곳은 가로등을 꺼 불필요한 전력 낭비를 막을 수 있게 됩니다. 기술이 발전하면서 전자 제품도 점점 편리하게 바뀌는 것처럼 가로등도 점점 편리하게 발전되고 있습니다.

일단 알아두면 교양 있어 보이는 과학 용어

‣ 도체: 열 또는 전기의 전도율이 비교적 큰 물체를 통틀어 이르는 말.

‣ 옴의 법칙: 어떤 전기 회로에 흐르는 전류는 그 회로에 가해진 전압에 정비례하고, 저항에 반비례한다는 법칙.

놀이기구를 탈 때
몸이 붕 뜨는 느낌이 드는 이유?

놀이공원에는 정말 다양한 놀이기구가 있습니다. 잔잔하게 탈 수 있는 놀이기구도 있지만 짜릿함을 느낄 수 있는 놀이기구도 많죠. 자이로드롭, 롤러코스터, 바이킹 같은 인기 있는 놀이기구들은 높은 곳까지 올라갔다가 빠르게 내려온다는 공통점을 가지고 있습니다. 그런데 이런 놀이기구를 타면 내려오는 순간 몸이 붕 뜨는 느낌이 들거나 배에 이상한 느낌이 듭니다. 왜 놀이기구를 타면 몸이 붕 뜬다고 느끼는 걸까요?

우리가 어떤 물체를 들고 있다가 손에서 놓으면 물체는 아래로 떨어질 것입니다. 질량이 있는 모든 물체를 지구가 끌어당기고 있기 때문이죠. 이런 힘을 '중력'이라고 합니다. 만약 지구에

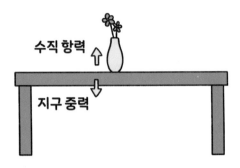

중력이라는 힘만 있다면 모든 물체는 땅을 뚫고 지구의 중심으로 계속 내려갈 것입니다. 하지만 실제로 이런 일은 일어나지 않고 있습니다. 그 이유는 물체가 접촉하고 있는 면이 중력과 같은 힘으로 물체를 받치고 있기 때문입니다. 이것을 '수직항력'이라고 하죠.

자유낙하할 때 겪게 되는 무중량 상태

어떤 물체가 하늘에서 떨어지는 동안 접촉하고 있는 면이 없기 때문에 수직항력이 작용하지 않습니다. 이런 움직임을 자유낙하라고 하는데, 자유낙하를 하는 동안에는 중력과 공기 마찰에 의한 저항력만 작용하게 되며 물체의 무게가 없는 상태가 됨니다. 만약 자유낙하를 하는 곳이 진공 상태라면 무게가 다른 두 개의 물체를 떨어트려도 땅에 닿는 시간은 똑같습니다. 이런 상태를 마치 중력이 작용하지 않는 것 같다고 해서 '무중력 상태'라고 합니다. 그런데 사실 무중력 상태라는 말은 틀린 말입니다. 자유낙하를 하는 동안에는 실제로 중력이 작용하기 때문이죠. 그래서 무중력 상태가 아니라 '무중량 상태'라는 말을 사용하기도 합니다.

놀이기구를 타면 놀이기구에 의해 높은 곳까지 올라갔다가 빠르게 아래로 떨어지는 자유낙하를 하면서 이때 순간적으로 무중량 상태를 경험하게 됩니다. 평소 우리는 중력과 수직항력을 동시에 받고 있어서 몸이 여기에 적응하고 있는데, 놀이기구를 타

중력

0
ZERO

관성

무중량 상태

249

면 중력만 받게 됩니다. 그러다 놀이기구를 타고 위로 올라가게 되면 관성에 의해 우리의 몸은 계속 위로 올라가려고 하죠. 그런데 갑자기 놀이기구가 아래로 떨어지면 중력과 관성력의 합이 순간적으로 0이 되면서 평소에 느껴보지 못한, 마치 중력이 작용하지 않는 것 같은 느낌을 받게 됩니다. 이런 느낌을 하강감이라고 말하기도 합니다.

하강감은 빠르게 움직이는 엘리베이터를 탈 때 느껴지기도 하며, 우주에 나갔을 때도 느껴지기 때문에 우주 비행사의 경우 하강감에 적응하기 위한 훈련을 합니다. 놀이기구는 이런 하강감을 느끼기 위해서 타지만, 하강감을 느끼는 정도는 사람마다 달라서 심하게 느끼는 사람은 놀이기구를 무서워하거나 싫어하는 경우도 있습니다.

일단 알아두면 교양 있어 보이는 과학 용어

▸ 수직항력: 물체의 접촉면에 수직 방향으로 작용하는 항력.
▸ 자유낙하: 일정한 높이에서 정지하고 있는 물체가 중력의 작용만으로 떨어질 때의 운동.

엑스레이는 어떤 원리로 몸속을 보여줄까?

만약에 피부를 다치게 되면 어디가 얼마나 다쳤는지 우리의 눈으로 확인할 수 있습니다. 하지만 뼈가 부러지거나 종양이 생기는 것처럼 몸속에 문제가 생기는 경우 어떤 이상이 생긴 것인지 눈으로 직접 확인할 수 없습니다. 그래서 병원에 가 엑스레이 촬영을 하죠.

엑스레이는 신기하게도 사진 한 번 찍는 것으로 몸속이 어떤 상태인지 알 수 있습니다. 엑스레이는 어떤 원리로 몸속을 촬영하는 것일까요?

엑스레이는 엑스선이라고도 부르며 전자기파의 일종입니다. 이러한 전자기파는 사실 놀랍게도 빛입니다. 이러한 전자기파는 우리 눈에 보이는 전자기파와 눈에 보이지 않는 전자기파로 나눌 수 있습니다.

흔히 빛으로 이야기되는 가시광선은 우리가 볼 수 있는 전자기파이며, 이러한 가시광선을 중심으로 더 짧은 파장을 가지고 있는 것이 자외선이죠. 그리고 자외선보다 더 짧은 파장을 가지고 있는 것이 엑스선과 감마선입니다. 반대로 가시광선 전자기파의 파장보다 긴 파장의 전자기파는 차례로 적외선 그리고 전파가 있습니다.

보이지 않는 미지의 빛, 엑스선의 발견

엑스선은 1895년 독일의 물리학자 뢴트겐이 처음 발견했습니다. 뢴트겐은 실험을 하던 중 빛이 나올 수 없도록 완벽하게 밀봉된 곳에서 알 수 없는 빛이 새어나간다는 사실을 알게 되었습니다. 뢴트겐은 새어니긴 빛을 유심히 관찰하던 중 이 빛이 자신의 손가락뼈를 인화시킨다는 것을 발견했죠.

처음에는 자신이 헛것을 보는 것이 아닌가 생각했지만, 이후에 아내의 손을 찍어본 뒤 보이지 않는 어떤 새로운 빛이 있다는 것을 확신했습니다. 뢴트겐은 이 빛을 수학에서 사용하는 미지의 수 x를 대입해 알 수 없는 선이라 하여 엑스선이라고 불렀습니다.

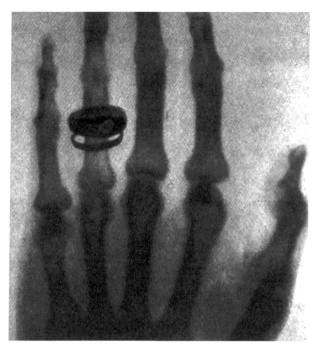

독일 물리학자 뢴트겐이 아내인 알버트 반 퀄러의 손을 촬영한 인류 최초의 엑스레이 사진.

물질을 이루고 있는 가장 작은 단위를 원자라고 합니다. 원자는 원자핵과 전자로 이루어져 있고 원자핵은 양성자와 중성자가 결합한 형태로 이루어져 있습니다. 이때 양성자와 중성자의 비율에 따라 안정성에 차이가 나는데 불안정한 상태의 원자핵은 에너지를 방출하면서 안정된 상태로 바뀌려는 성질을 가지고 있습니다. 이때 방출되는 에너지가 바로 전리방사선입니다.

방사선은 형태에 따라 질량을 가지고 있는 알파입자(헬륨의 원

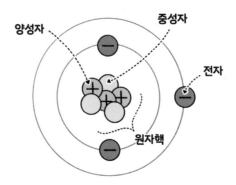

양성자
중성자
전자
원자핵

자핵), 베타입자(전자), 중성자 같은 입자 방사선과 엑스선, 감마
선 같은 파동 형태의 방사선으로 나누어집니다.

　방사선은 질량이 클수록 관통력이 떨어집니다. 관통력은 방사
선이 물질을 얼마나 깊이 통과할 수 있는 능력을 가지는지를 의
미하며, 질량이 가장 큰 알파입자는 종이 한 장으로 막을 수 있
고, 알파입자보다 가벼운 베타입자는 종이는 통과하지만 얇은
금속으로 막을 수 있습니다. 감마선과 엑스선은 두꺼운 납으로
막을 수 있고 중성자선은 물로 막을 수 있습니다.

엑스레이를 찍으면 뼈가 하얗게 보이는 이유

　엑스레이를 찍을 때 뼈가 하얗게 보이고 연조직(피부)이 어둡

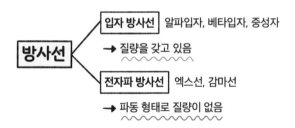

게 보이는 이유는, 뼈를 이루는 원소들이 피부보다 더 빽빽하게 모여서 밀도가 높게 구성되어 있고, 원자 번호가 높은 물질로 구성되어 있어서 엑스선을 더 많이 흡수하기 때문입니다. 반면, 피부나 근육 같은 연조직은 원자들의 밀도가 낮고 상대적으로 원자번호가 낮은 원소들로 구성되어 있어서 엑스선 흡수율이 적어 회색으로 보입니다.

만약 뼈가 부러졌다면 엑스선이 그 부분에서 흡수가 되지 않고 관통하기 때문에 하얀색이 아닌 회색 선으로 나타나게 됩니다. 덕분에 사진을 통해 부러진 정도를 알 수 있습니다. 또한 원래 아무것도 없어서 까만색으로 나와야 하지만 사진에 하얀색 혹이 보인다면 종양이라는 것을 알 수 있습니다.

뢴트겐은 엑스선을 발견한 뒤 특허를 내 큰돈을 벌 수 있었지만, 자신이 발명한 것이 아니라 발견한 것이니 이 물질은 인류가

공유해야 한다며 특허를 내지 않았다고 합니다. 그런 덕분에 의
학 기술은 크게 발전할 수 있었습니다.

핫팩은 흔들기만 해도 어떻게 따뜻해질까?

　겨울철 필수 아이템 중 하나인 핫팩. 가벼워서 휴대하기 편하고 살짝만 흔들면 따뜻해지는 특징 때문에 오랜 시간 밖에 있어야 할 때, 야외에서 일하는 사람들이 유용하게 사용하는 아이템입니다. 핫팩을 뜯어보면 안에 까만 가루가 있는데 이것은 철가루입니다. 그리고 눈에 잘 보이지 않지만 약간의 수분과 나트륨, 활성탄 같은 것들이 섞여 있습니다. 핫팩을 꺼내서 흔들면 금방 따뜻해집니다. 하지만 꺼내지 않고 흔들면 아무리 흔들어도 따뜻해지지 않는데요. 왜냐하면 핫팩은 산소와 만나야 따뜻해지기 때문입니다.

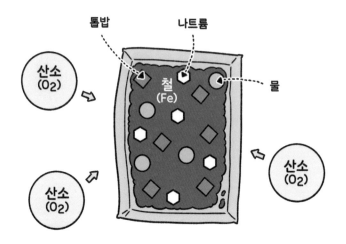

녹이 슬면서 열을 방출하는 철가루

철은 물과 산소를 만나면 부식되기 시작합니다. 이것을 '산화 반응'이라고 하죠. 우리는 흔히 녹슨다고 표현합니다. 철이 녹스는 과정에서 열이 만들어지는데 핫팩은 바로 이런 원리를 이용한 것입니다. 핫팩을 뜯지 않으면 산소를 만날 수 없으니 따뜻해지지 않습니다. 핫팩을 뜯어 흔들면 핫팩 안의 철가루와 수분이 공기 중의 산소를 만나 철가루가 녹슬기 시작하고 열이 발생됩니다.

구체적으로는 산소가 철의 전자를 뺏어갈 때, 철에서 전자가

258

방출되면서 열도 함께 발생해 핫팩이 뜨거워집니다. 철의 산화는 굉장히 천천히 이루어지기 때문에 일반적인 상황이라면 녹슬 때 만들어지는 열을 느낄 수 없지만, 핫팩에 있는 나트륨과 활성탄이 산화 반응을 빠르게 일어나도록 촉진해주기 때문에 우리가 열을 느낄 수 있죠.

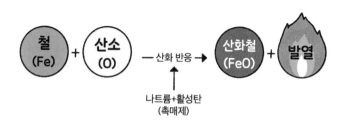

사실 핫팩은 흔들지 않아도 따뜻해집니다. 뜯는 순간 철가루가 산소와 만나 산화 반응이 일어나기 때문입니다. 하지만 핫팩을 흔들면 철가루가 산소와 더 빨리 만나게 되니 더 빠르게 따뜻해지게 됩니다.

핫팩은 일회용이기 때문에 한번 뜯으면 더 이상 사용하고 싶지 않아도 쓸 수밖에 없다고 생각할 수 있지만 결국 산소와 만나야 작동하는 것이기 때문에 지퍼백이나 밀폐 용기에 보관해 산소를 차단하면 핫팩의 수명을 늘릴 수 있습니다.

똑딱이 핫팩이 따뜻해지는 원리

요즘에는 잘 사용하지 않는 것 같지만 똑딱이를 이용한 재활용이 가능한 핫팩도 있습니다. 똑딱이 핫팩은 투명한 액체와 금속 물질이 들어있는데 금속 물질을 똑딱하고 구부리면 액체가 고체로 변하면서 열이 발생해 핫팩이 따뜻해지게 됩니다. 그리고 핫팩을 끓는 물에 넣으면 고체가 액체로 변해 다시 사용할 수 있는 핫팩으로 바뀌게 됩니다.

똑딱이 핫팩의 원리는 과포화용액에 있습니다. 소금은 물에 녹습니다. 그런데 어느 정도 녹이다 보면 더 이상 소금이 녹지 않게 되죠. 이런 상태를 '포화용액'이라고 합니다. 이때 물의 온

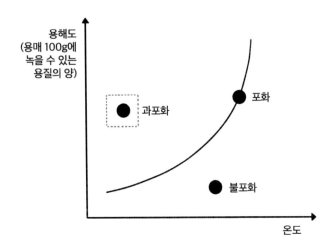

도를 높이면 더 많은 소금을 녹일 수 있게 됩니다. 그리고 천천히 물을 식히면 같은 온도라도 더 많은 소금이 녹아있는 상태가 됩니다. 이런 상태를 '과포화용액'이라고 하죠.

똑딱이 핫팩의 투명한 액체는 아세트산 나트륨 과포화용액입니다. 과포화용액은 굉장히 불안정한 상태라 조금만 충격을 줘도 상태가 변해 액체가 고체로 바뀌게 되는데, 이때 충격을 주는 물질이 바로 이 똑딱이입니다. 액체는 고체로 될 때 열을 방출합니다. 이것을 '응고열'이라고 하죠. 즉 똑딱이 핫팩은 아세트산 나트륨 과포화용액이 액체에서 고체로 될 때 발생하는 열을 이용한 핫팩입니다.

일단 알아두면 교양 있어 보이는 과학 용어

▸ 포화용액: 어떤 온도에서 용매에 용질을 녹일 수 있을 만큼 녹여 더 이상 녹일 수 없는 상태에 있는 용액.
▸ 과포화용액: 어떤 온도에서 용해도보다 많은 용질을 포함한 용액.
▸ 응고열: 액체나 기체 따위가 고체로 될 때 내는 열량.

어떻게 소변으로 임신 여부를 알 수 있을까?

여자가 임신을 하면 신체 변화가 시작됩니다. 배가 나오는 것은 물론, 더 많은 피를 순환시키기 위해 심장의 기능이 강화되어 심박출량이 증가하게 됩니다. 후각이 예민해지고, 골반이 늘어나며, 발이 커지는 경우도 있다고 합니다. 하지만 임신 초기에는 이런 신체적인 변화가 당장 나타나지는 않아 임신 여부를 쉽게 알아낼 수 없습니다. 그래서 병원에 가거나 임신 테스트기를 이용해 임신 사실을 확인하죠.

그런데 임신 테스트기는 참 신기한 게 오줌을 묻히는 것만으로 임신인지 아닌지를 알아냅니다. 임신 테스트기는 도대체 어떤 원리로 작동하는 것일까요?

임신 테스트기의 작동 원리

여자가 임신을 하면 배 속에 태반이라는 기관이 만들어집니다. 태아는 태반을 통해 산소와 영양분을 공급받고 노폐물을 배출합니다. 이렇게 만들어진 태반은 에스트로겐, 프로게스테론, hCG(인간 융모성 생식선 자극 호르몬) 같은 호르몬을 만들어냅니다. 특히 hCG는 프로게스테론이 잘 분비되도록 만들어주는데, 프로게스테론은 태아가 자랄 수 있는 좋은 환경을 만드는 데 도움을 주는 호르몬입니다.

hCG는 수정이 일어난 직후부터 만들어지며 임신 3개월째 가장 높은 수치를 보이다가 점점 줄어들게 되는데 피나 오줌에서 검출됩니다. 그래서 임신 초기에 임신 사실을 알고 싶다면 hCG

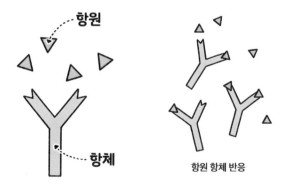

항원

항체

항원 항체 반응

의 존재 유무를 파악하면 되는 것이죠.

외부에서 어떤 물질이 몸으로 들어오면 몸은 면역 세포를 이용해 그 물질을 없애려고 합니다. 이때 외부에서 들어온 물질을 '항원'이라고 하고, 항원을 인식할 수 있는 것을 '항체'라고 합니다. 만약 항원과 항체가 맞물릴 수 있는 구조라면 항원과 항체는 결합되고 항원의 기능은 사라지게 되는데, 이것을 '항원 항체 반응'이라고 합니다. 임신 테스트기는 이런 원리를 이용해 임신인지 아닌지를 알려줍니다.

'항원 항체 반응'을 이용한 테스트기

임신 테스트기에는 hCG를 항원으로 하는 항체가 들어있습니다. 검사를 하는 곳에 오줌을 묻히면 오줌에 있는 hCG와 hCG 항체가 만나 항원항체반응이 일어나게 됩니다. 이때 hCG 항체에는 빨갛게 색깔을 낼 수 있는 물질이 포함되어 있죠.

이 물질은 이제 테스트기 뒤쪽으로 이동합니다. 뒤쪽에는 이 물질을 항원으로 하는 항체가 기다리고 있습니다. 또 다시 항원과 항체가 만나게 되면 결합을 하게 되고 색깔을 낼 수 있는 물질이 반응하면서 빨간색 줄이 나타나게 됩니다.

이후에도 오줌은 계속 임신 테스트기를 타고 이동하게 됩니다. 앞쪽에서 hCG와 만나지 못한 hCG 항체가 뒤쪽으로 이동하

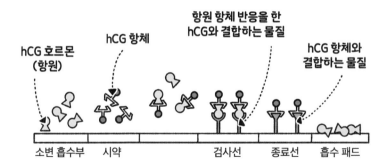

hCG 호르몬
(항원)

hCG 항체

항원 항체 반응을 한
hCG와 결합하는 물질

hCG 항체와
결합하는 물질

소변 흡수부　시약　검사선　종료선　흡수 패드

게 되죠. 이곳에는 hCG 항체를 항원으로 하는 또 다른 항체가 hCG 항체를 기다리고 있습니다. 역시 항원과 항체가 만나게 되면 결합을 하게 되고, 색깔을 낼 수 있는 물질이 반응하면서 빨간색 줄이 하나 더 나타나게 됩니다.

즉 앞쪽에 있는 빨간색 줄은 임신이 됐다는 것을 알려주고 뒤쪽에 있는 빨간색 줄은 테스트가 끝났다는 것을 알려줍니다. 만약 임신을 하지 않았다면 hCG와 hCG 항체가 만나지 않으니 뒤쪽 줄만 나타나게 됩니다.

임신 테스트기의 정확도는 95퍼센트로 아주 높긴 하지만, 언제나 완벽한 결과를 보여주는 것은 아닙니다. 임신 초기에는 임신을 했어도 hCG의 양이 적게 분비되기 때문에 검사를 하더라도 두 줄이 나오지 않을 수도 있습니다.

또 자궁외임신을 하거나 난소암에 걸리는 경우, 남자가 고환암에 걸렸을 때도 hCG의 양이 증가할 가능성이 있기 때문에 임신이 아님에도 두 줄이 나오는 경우가 있다고 합니다. 그러니 정확한 결과를 알고 싶다면 병원에 가는 것이 가장 좋습니다.

일단 알아두면 교양 있어 보이는 과학 용어

▸ 항원: 외부에서 몸속으로 침입하여 면역반응을 유발하는 물질.
▸ 항체: 항원의 자극에 반응하여 면역 세포에서 생성되는 단백질로, 항원과 특이적으로 결합하여 이를 무력화하거나 제거하는 역할을 함.
▸ 항원 항체 반응: 항원과 항체 사이에서 일어나는 반응.

겨울에 에어컨 온도를
높여서 틀면 따뜻해질까?

    겨울은 추운 계절이기 때문에 따뜻하게 보내기 위해선 보일러처럼 방의 온도를 높여줄 수 있는 무언가가 필요합니다. 반대로 여름은 더운 계절이라 온도를 낮춰 시원하게 해줄 수 있는 에어컨을 사용하죠. 에어컨의 최저온도는 16~18도 정도이고, 최고온도는 30도까지 올라갑니다. 겨울은 바깥 온도가 영하로 떨어질 때도 있고 보통 한 자릿수를 기록하는데요. 그렇다면 겨울에 에어컨을 작동시켜 온도를 25도 혹은 그 이상으로 올린다면 집안이 따뜻해질까요?

바람이 불면 시원하다고 느끼는 이유는 땀이 바람에 의해 증발하면서 몸에 있는 열을 빼앗아가기 때문입니다. 어떤 물질의 상태가 고체에서 액체, 액체에서 기체로 변할 때 주변에 있는 열을 흡수하게 됩니다. 이때 고체에서 액체로 변할 때 흡수하는 열을 '융해열'이라고 하고, 액체에서 기체로 변할 때 흡수하는 열을 '기화열'이라고 합니다.

에어컨은 기화열을 사용합니다. 에어컨이 작동하기 위해선 약간의 압력 조절만으로도 기체에서 액체로 액체에서 기체로 변할 수 있는 물질이 필요합니다. 이것을 '냉매'라고 하는데 흔히 우리가 아는 에어컨 가스입니다.

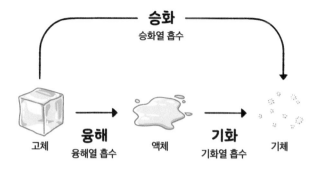

승화
승화열 흡수

고체 → **융해**
융해열 흡수 → 액체 → **기화**
기화열 흡수 → 기체

에어컨에서 시원한 바람이 나오는 과정

에어컨은 크게 압축기, 응축기(실외기), 팽창밸브, 증발기(실내기)로 나눠집니다. 에어컨을 작동시키면 압축기가 기체 상태의 냉매를 압축시킵니다. 그럼 압력이 높아지고 온도가 올라가게 되는데 이때 냉매의 온도는 80도 정도이며 100도까지 올라가는 경우도 있다고 합니다.

이렇게 뜨거워진 냉매는 응축기로 이동합니다. 여름철 바깥의 온도는 30도 이상이라 아주 덥지만 뜨거워진 냉매 앞에선 30도는 새 발의 피가 됩니다. 그래서 응축기를 통과하면 냉매의 온도가 떨어져 기체에서 액체로 바뀝니다. 이렇게 상태가 바뀌는 과정에서 열이 방출되는데 방출된 열은 응축기에 있는 팬에 의해 밖으로 보내집니다. 그렇기 때문에 에어컨 실외기에서 뜨거운 바람이 나오는 것이죠.

액체로 바뀐 냉매는 이제 팽창밸브로 이동합니다. 팽창밸브에는 냉매가 이동하는 통로가 있는데, 이 통로는 갑자기 좁아졌다가 넓어지는 형태입니다. 이런 구조를 통과할 때 냉매의 속도가 빨라지게 되면서 압력과 온도가 동시에 떨어지는데, 이런 현상을 '교축'이라고 합니다. 하지만 여기서 바로 냉매가 기체로 변하는 것은 아니고 기체로 변하기 쉬운 액체 상태로 증발기로 이동합니다.

이렇게 이동한 냉매는 방 안에 있는 뜨거운 공기 때문에 액

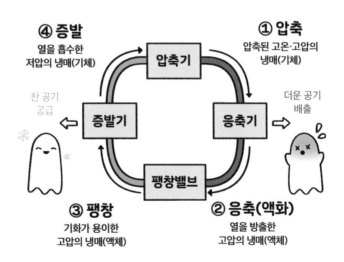

체에서 기체로 바뀌고, 증발하는 과정에서 주변의 열을 흡수하게 됩니다. 그럼 주변의 공기는 차가워지는데, 이때 차가워진 공기를 에어컨 팬이 방 안으로 내보냅니다. 기체가 된 냉매는 다시 압축기로 들어가고 이런 과정을 계속 반복해 뜨거운 공기를 차가운 공기로 바꾸는 것입니다.

뜨거운 바람이 나오는 에어컨도 있을까?

다시 말해서 에어컨은 차가운 바람을 내보내 시원하게 만드는 것이 아니라 뜨거운 공기를 차갑게 식혀 내보내는 것입니다. 에어컨이 어느 정도 작동해서 주변이 시원해지면 냉매를 증발시킬 뜨거운 공기가 없기 때문에 실외기는 잠시 멈춥니다.

그런데 겨울철 방 안은 이미 에어컨을 틀어놓은 것처럼 춥기 때문에 에어컨을 켜도 실외기가 돌아가지 않습니다. 애초에 실내기에는 뜨거운 공기를 차갑게 식히는 기능만 있기 때문에, 에어컨의 희망 온도를 30도로 맞춰놓는다고 해도 방 안의 온도가 올라가지는 않습니다.

하지만 에어컨의 이런 원리를 반대로 적용하면 다시 말해 실외기가 실내기가 되고 실내기가 실외기가 되면 에어컨을 켰을 때 실내기에서는 뜨거운 바람이 나오고 실외기에서는 차가운 바람이 나오게 됩니다. 물론 이런 기능을 가진 에어컨이 집에 있다면 겨울에도 에어컨을 켜서 따뜻하게 지낼 수 있겠지만, 이런 기능이 없다면 에어컨의 온도를 아무리 높여도 방 안을 따뜻하게 만드는 것은 불가능합니다.

일단 알아두면 교양 있어 보이는 과학 용어

▸ 융해열: 녹는점에서 고체를 액체로 녹이는 데 필요한 열량.

▸ 기화열: 액체가 기화할 때 외부로부터 흡수하는 열량.

▸ 냉매: 저온 물체로부터 고온 물체로 열을 끌어가는 매체.

기름장에 있는 소금은 왜 녹지 않을까?

고기를 먹을 때 어떤 소스에 찍어 먹는 것을 가장 좋아하나요? 보통 고기를 익히기 전 소금을 뿌려 간을 맞추거나, 쌈장이나 기름장을 만들어 찍어 먹습니다. 이 중에서 기름장은 참기름에 소금을 뿌려 만드는 것인데 먹을 때는 별로 이상하게 느껴지지 않지만, 생각해보면 소금은 액체에 쉽게 녹는데 이상하게 기름장에 있는 소금은 잘 녹지 않습니다. 소금은 대체 왜 기름에 녹지 않는 것일까요?

무언가에 녹는 물질을 '용질'이라고 하고, 그 물질을 녹이는 것을 '용매'라고 합니다. 예를 들어, 소금이 물에 녹는 경우 소금이 용질이고 물이 용매인 것이죠. 그리고 이렇게 용질이 용매에

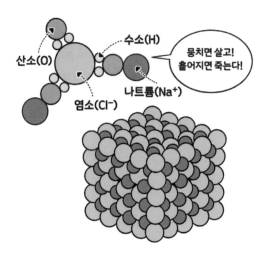

녹는 현상을 '용해'라고 합니다. 서로 당기는 힘을 인력이라고 하는데 용질과 용매 간 인력이 용질끼리의 인력이나 용매끼리의 인력보다 클 경우 용해가 잘 일어나게 됩니다. 다시 말해 소금이 물에 잘 녹는 이유는 소금과 물이 만났을 때 인력이 소금끼리, 물끼리의 인력보다 크기 때문입니다.

소금을 기름에 녹일 수 없는 이유

양전하와 음전하의 무게중심이 일치하지 않는 것을 '극성'이라고 하는데, 극성 용질이 극성 용매와 만나면 잘 녹는 특징을 가지고 있습니다. 소금과 물은 극성이기 때문에 만나면 녹을 수밖에 없는 운명인 것이죠. 소금을 물에 넣으면 물에 있는 양전하 수소H가 소금에 있는 음전하 염소Cl를 끌어당기고, 물에 있는 음전하 산소O가 소금에 있는 양전하 나트륨Na을 끌어당겨 쉽게 녹는 것입니다.

하지만 기름은 무극성 물질이기 때문에 극성인 소금을 만나도 녹지 않게 됩니다. 게다가 소금과 기름이 만났을 때의 인력이 기름끼리의 인력보다 작기 때문에, 아무리 섞으려 해도 섞이지 않고 소금이 그대로 남아있는 것이죠.

▸ 용질: 용액에 녹아있는 물질.
▸ 용매: 어떤 액체에 물질을 녹여서 용액을 만들 때 그 액체를 가리키는 말.
▸ 용해: 물질이 액체 속에서 균일하게 녹아 용액이 만들어지는 일.

고층 건물 입구에 회전문을 설치한 이유?

　백화점이나 호텔, 고층 빌딩 1층 입구에는 회전문이 설치되어 있습니다. 회전문은 일반적인 문과 다르게 입구와 출구가 회전하면서 열리고 닫힙니다. 처음 회전문을 경험할 때는 문이 돌아간다는 것 때문에 신기하고 재밌게 느껴지지만, 수동 회전문의 경우 문을 돌리는 것이 힘들기도 하고, 자동 회전문의 경우 속도가 그리 빠르지 않다는 단점이 있기도 하죠. 그리고 통과할 수 있는 공간이 좁아 많은 사람이 빠르게 이동할 수 없다는 단점도 있습니다. 그럼에도 고층 건물 입구에는 어김없이 회전문이 설치되어 있는데요. 대체 고층 빌딩에 회전문을 설치하는 이유는 무엇일까요?

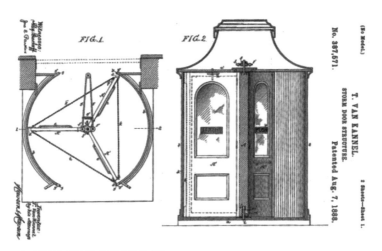

최초의 특허를 취득한 회전문의 도면도.

 회전문은 1888년 미국의 반 카넬이 처음 발명한 것으로 알려
졌습니다. 말이 건물 안으로 들어오는 것을 방지하기 위해 만들
었다는 설도 있지만 이것은 사실이 아닙니다. 1899년 미국의 렉
터스라는 레스토랑에 처음 설치되었는데, 음식보다 회전하는 문
이 있는 곳으로 더 유명해졌다고 합니다.

공기가 통하지 않는 회전문의 탄생

 회전문은 다른 문과 다르게 바람이 통하지 않는 구조입니다.
일반적인 문은 사람이 들어가거나 나갈 때 문이 열리면서 공기

도 같이 이동하게 됩니다. 회전문은 3~4개의 문이 돌아가는 구조로 만들어지는데, 문의 구조상 사람이 들어가거나 나가는 순간에도 언제나 닫혀있기 때문에 공기의 흐름을 최소화할 수 있습니다. 건물의 경우 여름에는 에어컨을 틀어 내부를 시원하게 만들고 겨울에는 히터를 틀어 내부를 따뜻하게 만듭니다. 건물 입구는 출입이 자주 발생하는 곳이기에, 만약 건물 입구에 일반 문을 설치한다면 사람들이 드나들 때마다 내부의 공기가 외부로 이동하게 될 것입니다.

여름이라면 건물 외부의 뜨거운 공기가 안으로 들어오고, 겨울이라면 건물 내부의 따뜻한 공기가 밖으로 빠져나가게 됩니다. 하지만 입구가 회전문으로 되어있다면 공기의 흐름을 최소화해 냉난방비를 절약할 수 있습니다.

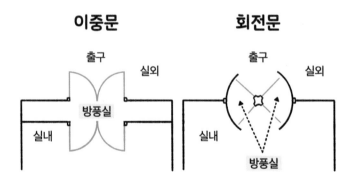

또한 입구가 회전문이라면 문이 열릴 때마다 바람이 강하게 불어 입구가 난장판이 되는 것도 막을 수 있습니다. 뜨거운 공기는 위로 올라가고 차가운 공기는 아래로 내려갑니다. 건물 내부에서 데워진 공기는 엘리베이터 통로, 계단 통로를 통해 위쪽으로 올라가게 됩니다. 만약 입구 쪽 문이 자주 열린다면 공기의 흐름이 빨라져 문이 갑자기 쾅 하고 닫히거나 엘리베이터가 작동할 때 문제가 발생할 수 있습니다. 혹시라도 건물에 화재가 발생한다면 빠른 공기의 흐름 때문에 불길이나 유독가스가 순식간에 위쪽으로 이동해 위험한 상황이 발생할 수 있습니다. 이런 일을 방지하고자 건물 입구에 회전문을 설치하는 것이죠.

하지만 건물 입구를 잘 보면 회전문만 설치되어 있지는 않습니다. 회전문은 비상시에 빠르게 이동할 수 없는 구조이고, 사람에 따라 통행이 불편할 수도 있어 건축법상 일반 출입문도 함께 설치해야 합니다.

PART
05

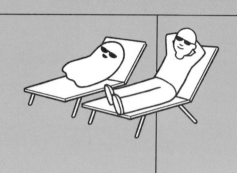

엉뚱한 질문에 대한 기발하고 발칙한 과학 상식

소리

공중화장실에 사람이 많으면 소변이 안 나오는 이유?

3월이 되면 새 학기가 시작되면서 새로운 친구들과 만나게 됩니다. 모든 게 어색한 이 시기에는 설레기도 하고 긴장되기도 해서 이상하게 화장실에 자주 가게 되죠. 그런데 막상 소변이 마려워 화장실에 가도 주변에 사람이 있거나 밖에서 차례를 기다리고 있으면 소변이 잘 나오지 않는 경우가 있습니다. 분명 엄청 소변이 마려웠는데 갑자기 왜 그러는 걸까요?

심장이나 소화기관, 근육, 동공 등을 통제해 우리 몸의 환경을 일정하게 유지하는 역할을 하는 것을 '자율신경계'라고 합니다. 자율신경계는 교감신경과 부교감신경으로 나뉘는데요. 교감신경은 위급한 상황이 발생했을 때 우리의 몸이 빠르게 반응할 수 있도록 만들어줍니다. 예를 들어, 동공이 확장돼 더 많은 것을 볼 수 있게 되고, 심장박동이 빨라져 더 많은 피가 돌고, 소화작용을 억제시켜 에너지가 쓰이는 것을 방지합니다.

부교감신경은 위급한 상황을 대비해 우리의 몸이 에너지를 모을 수 있도록 만들어주는 역할을 하는데요. 교감신경과 반대로 동공이 축소되고, 심장박동이 느려지며, 소화작용을 촉진시킵니다. 자율신경계는 방광에도 영향을 주는데 교감신경은 방광을 이완시키고 괄약근을 수축시켜 소변이 나오지 않게 만들고, 부교감신경은 방광을 수축시키고 괄약근을 이완시켜 소변이 나오게 만듭니다.

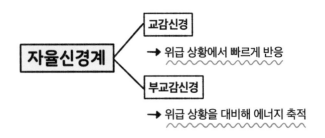

배뇨 공포증이 생기는 이유

소변이 마려워 화장실에 갔는데 오줌을 싸지 못하는 현상을 '배뇨 공포증'이라고 합니다. 주로 공중화장실처럼 여러 사람이 같이 사용하는 곳에서 용변을 보는 것에 문제가 발생하는데요.

오줌을 누는 내 모습을 누군가 본다는 두려움과 용변을 볼 때 나는 소리가 다른 사람에게 들릴 수 있다는 수치심 같은 것들이 합쳐져 긴장하면 발생하는 현상입니다. 우리 몸이 긴장 상태에 놓이면 교감신경이 활성화돼 오줌이 나오지 않게 됩니다. 그래서 오줌이 마려워서 화장실에 갔는데도 오줌을 싸지 못하게 되는 것이죠.

게다가 이런 상황이 되면 오줌을 못 싸는 나를 보고 비웃는 건 아닐까 하는 창피함과, 나 때문에 뒤에 사람이 기다린다는 미안함이 더해져 더욱 긴장하면서 소변이 나오지 않게 됩니다. 그래서 배뇨 공포증을 '수줍은 방광 증후군'이라고 말하기도 합니다. 수줍은 방광 증후군은 우리나라에서는 연구가 거의 이루어지지 않지만, 외국에서는 방광 증후군 협회가 있을 정도로 꽤 많은 연

구가 이루어지고 있습니다.

수줍은 방광 증후군을 해결하기 위해선 심리적으로 안정감을 갖는 것이 가장 중요합니다. 혼자서는 공중화장실 이용이 쉽지 않다면 믿을 만한 사람과 화장실을 같이 가는 것도 도움이 됩니다. 또 불안한 상태가 계속되면 숨을 참아보는 것도 좋은 방법입니다. 새 학기에 사람이 많은 화장실에서 오줌을 싸지 못하는 현상은 누구에게나 나타날 수 있습니다. 그러니 이것에 대해 너무 심각하게 생각하거나 걱정할 필요는 없습니다.

날아오는 총알을 눈으로 보고 피할 수 있을까?

인류가 가진 강력한 무기 중 하나인 총은 엄청난 위력을 가지고 있기 때문에 딱 한 발만 맞아도 치명상을 입거나 목숨을 잃을 수도 있습니다. 우리나라는 총기를 규제하고 있기에 다행히 총에 맞을 확률은 극히 희박하지만, 최근에는 실탄을 소지한 채 입국을 시도하는 경우도 있어 조금 걱정이 되기도 합니다.

만약 총을 든 상대가 나를 위협하고 있다면 빠르게 도망쳐야 합니다. 하지만 총은 사정거리가 길기 때문에 아무리 재빨리 도망친다 하더라도 총알을 맞을 확률이 높습니다. 그렇다면 도망치다가 총알이 날아오는 상황에서 총알을 눈으로 보고 피하는 것이 가능할까요?

총의 유효사거리는 얼마일까?

우리나라 군대에서 사용하고 있는 K-2 소총의 경우 총알이 1초에 920미터를 간다고 합니다. K-2 소총의 유효사거리는 600미터 정도 입니다. 즉 소총을 쏠 경우 유효사거리 내에 있는 목표물을 명중시키는 데 걸리는 시간은 0.6초 정도 된다는 것이죠. 총을 든 상대와 나의 거리가 600미터 정도 된다고 가정했을 때 0.6초 내에 반응을 할 수 있다면 이론적으로는 총알을 눈으로 보고 피하는 것이 가능합니다. 하지만 600미터 떨어진 곳에서 발사되는 총알을 보는 것은 시력이 좋다고 알려진 몽골인들조차 할 수 없을 것입니다.

군대에서 사격 훈련을 하면 가장 멀리 있는 표적은 250미터입니다. 이 표적도 너무 작아 잘 보이지 않는데, 표적보다 훨씬 작은 총알을 훨씬 더 먼 거리에서 보는 것은 사실상 불가능합니다.

그렇다면 총알을 눈으로 보는 것이 아니라 총 쏘는 소리를 듣고 피하는 건 어떨까요? 소리의 속도는 초속 340미터로 이것을 '1마하'라고 하는데, 이것은 K-2 소총의 총알 속도보다 훨씬 느린 속도입니다. 총을 쏘면 목표점에 0.6초 후 총알이 도착하고 1.7초 후 소리가 들립니다. 즉 총소리가 들렸다는 건 총알은 이미 도착했다는 뜻으로, 총소리를 듣고 총알을 피하는 것도 불가능합니다.

소총보다 위력이 조금 떨어지는 권총의 경우엔 어떨까요? 권총 총알의 속도는 초속 300미터 정도 됩니다. 소리의 속도보다 조금 느려서 총소리를 듣고 피할 수 있을 것 같지만 권총의 유효사거리는 50미터 정도로, 권총을 쏠 경우 유효사거리 내에 있는 목표물을 명중시키는 데 걸리는 시간은 0.16초 정도밖에 되지 않습니다.

사람의 반응속도를 테스트하는 방법 중 하나가 공중에서 자를 떨어트려 잡게 하는 것인데요. 예를 들어 자를 잡았을 때 위치가 5센티미터라면 반응속도는 0.1초, 20센티미터라면 반응속도는 0.2초가 됩니다.

반응속도를 알아보는 실험을 진행해 평균을 내보니 사람의 반응속도는 약 0.2초 정도라고 합니다. 즉 총소리를 듣고 반응하기까지 최소 0.2초가 필요하다는 것이죠. 그런데 권총의 총알이 도착하는 시간은 0.16초이니 권총의 총알을 피하는 것 역시 불가능합니다.

총 쏘는 타이밍을 완벽하게 알고 있어 쏘자마자 반응을 할 수 있다고 해도 권총의 경우 0.16초, 소총의 경우 0.6초 만에 몸을 움직여야 하는데 너무 짧은 시간이라 운이 좋으면 치명상은 피할 수 있어도 결국 총알 자체는 피할 수 없는 것이죠.

태양을 계속 쳐다보고 있으면 어떻게 될까?

 태양은 굉장히 밝게 빛납니다. 아주 눈부시게 밝아서 지구와 약 1억 5,000만 킬로미터나 떨어져 있지만, 지구를 밝게 비춰주고 생태계에 많은 영향을 줍니다.

 이렇게 강한 태양빛을 우리는 맨눈으로 쳐다보지 못합니다. 계속 보려고 해도 너무 눈이 부셔서 본능적으로 눈을 찡그리거나 감게 됩니다. 그렇다면 만약 강제로 눈을 뜬 상태로 태양을 계속 쳐다본다면 어떻게 될까요?

 2016년 천문학자인 마크 톰슨은 맨눈으로 태양을 보면 어떤 일이 발생하는가에 대한 실험을 진행했습니다. 이 실험을 사람이 직접 할 수는 없었기 때문에 사람의 눈과 비슷한 구조를 가진

죽은 돼지의 눈을 이용했죠. 죽은 돼지의 눈이 태양을 본 지 얼마 지나지 않아 갑자기 눈에서 연기가 나기 시작했고, 나중에 확인해본 결과 이미 새까맣게 타버린 상태였습니다. 돼지의 눈이 다 타버리기까지 고작 20초밖에 걸리지 않았다고 합니다.

태양이 우리 눈에 치명적인 이유

사람이 직접 눈으로 태양을 쳐다볼 경우 1초도 안 되는 시간에 제일 먼저 뇌가 반응해 눈을 감거나 고개를 돌리라고 명령을 합니다. 하지만 눈을 감을 수도 고개를 돌릴 수도 없는 상태라면 이로 인해 두통이 오거나 눈을 보호하기 위해 평소보다 더 많은 눈물이 나오게 됩니다.

태양에서 나오는 여러 가지 빛 중 가장 문제가 되는 것은 자외선입니다. 태양을 계속 처다볼 경우 제일 먼저 손상되는 곳은 각막입니다. 각막은 자외선을 흡수하는 역할을 하지만 너무 많은 자외선이 들어올 경우 각막 세포가 파괴돼, 눈이 충혈되고 시야가 흐려지면서 잔상이 생기고 눈에 무언가 들어간 것 같은 이물감을 느끼게 됩니다. 그래도 계속 태양을 처다본다면 결국 눈에 화상을 입게 됩니다.

어렸을 때 돋보기를 이용해 태양빛을 모아 종이를 태우는 실험을 해본 적이 있을 것입니다. 돋보기를 통과한 빛이 한 점으로 모여 종이를 태우듯이, 우리의 눈을 통과한 빛은 수정체에서 굴절돼 망막으로 모이게 됩니다. 수정체가 돋보기 역할을 하는 것이죠. 망막으로 태양빛이 모이면 망막에 있는 조직, 특히 색깔을 보는 원추세포가 타버립니다. 그러면 눈앞에 까만 반점이 보이거나 물체의 색이 평소와 다르게 보이거나 심하게는 세상이 흑백으로 보이게 됩니다.

이런 현상은 태양을 10초만 처다봐도 발생하게 되며 특히 망막에는 통증을 느끼는 세포가 없기 때문에 아프다는 감각도 없이 눈이 망가질 수 있습니다. 30초 정도 태양을 처다보고 있으면 물체가 왜곡되어 보이는 변시증이 나타날 수 있고, 물체가 평소보다 작게 보이는 소시증도 나타날 수 있습니다. 그리고 시력이 점점 나빠지면서 어느 순간 시력을 잃을 수도 있습니다.

이처럼 태양빛에 의해 망막에 손상을 입는 것을 '일광망막병증'이라고 합니다. 일광망막병증은 치료가 가능하기 때문에 시력을 다시 회복할 수 있습니다. 물론 단기간은 아니고 몇 주, 몇 달 혹은 1년 이상의 시간이 걸려서 시력이 회복되는 경우도 있습니다.

또 발생할 수 있는 질환으로는 눈의 흰자에서 검은자 쪽으로 혈관 조직이 증식해 시야를 방해하는 익상편, 수정체가 탁해져 빛을 제대로 모으지 못해 시야가 뿌옇게 흐려지는 백내장, 황반에 문제가 생겨 시야가 왜곡되고 어둡게 보이는 황반변성 등이 있습니다.

익상편, 백내장, 황반변성은 눈에 자외선이 많이 들어올 때 발생하는 병으로 태양을 계속 쳐다보면 발생할 수 있지만 사실 걱정할 필요는 없습니다. 30초를 넘어 계속 태양을 쳐다봤다면 이미 시력을 잃고 흰자, 검은자, 각막, 망막, 수정체 할 것 없이 눈에 있는 모든 게 타버렸을 테니까요.

태양을 꼭 눈으로 봐야 한다면

태양이 달에 가려지는 현상을 일식이라고 하는데, 그중에서도 태양의 일부분을 달이 가리는 현상을 부분일식, 태양의 전부를 달이 가리는 현상을 개기일식이라고 합니다. 개기일식은 약 18개월에 한 번씩 일어나는 신기한 현상이라 이것을 보려는 사

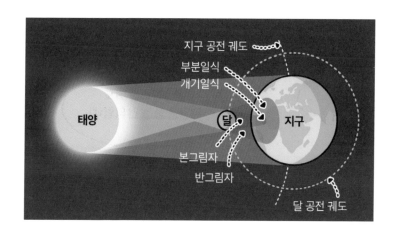

람들이 꽤 있습니다. 하지만 달에 가려졌어도 여전히 태양은 태양! 맨눈으로 보면 위험할 수 있습니다.

선글라스나 셀로판지를 이용해 태양을 보는 것은 어떠냐고요? 선글라스는 자외선을 막기 위해 만들어진 것은 맞지만, 태양을 보기 위한 안경은 아닙니다. 맨눈으로 보는 것보다야 낫겠지만 선글라스를 썼더라도 태양을 직접 보는 것은 눈 건강에 좋지 않다고 합니다. 셀로판지를 여러 장 겹쳐도 유해한 자외선과 적외선을 완전히 차단할 수는 없다고 합니다. 따라서 일식을 관찰할 때는 반드시 안전 장비를 사용하거나 간접 관찰을 해야 합니다.

▸ 변시증: 망막 황반에 있는 시각 세포의 위치 변화나 초기의 백내장, 난시 따위가 있을 때에
　일어나는 사물이 비뚤어져 보이는 증상.
▸ 소시증: 물체가 실제의 크기보다 더 작게 보이는 증상.

매운 음식을 먹으면 왜 콧물이 날까?

산소는 우리가 살아갈 수 있게 해주는 가장 중요한 요소 중 한 가지입니다. 그래서 우리는 끊임없이 산소로 숨을 쉽니다. 이것을 호흡이라고 하는데 호흡은 깨어있을 때는 물론이고 잠을 자는 동안에도 하고 있죠. 우리는 코를 이용해 호흡을 하는데 때로는 코가 막히거나 콧물이 흘러나와 호흡하는 데 불편함이 생기기도 합니다. 이런 현상은 감기에 걸렸을 때 주로 발생하지만 비염이 있다면 감기에 걸리지 않아도 겪는 현상입니다. 그런데 평소에 콧물이 나지 않았던 코가 음식을 먹을 때 막히거나 콧물이 흘러나오는 경우가 있습니다. 밥을 먹을 때 콧물이 나오는 이유는 무엇일까요?

매워 죽겠네!

콧물은 코 안에 있는 점막에서 만들어지는 것으로 평소에도 조금씩 나오고 있지만 그 양이 많지 않기 때문에 바깥으로 흘러 내리지 않습니다. 공기에는 산소도 있지만 먼지나 세균도 있습니다. 콧물은 코털과 함께 먼지나 세균이 폐 안으로 들어가지 못하게 막아주고, 바깥 공기의 온도를 인체의 온도와 비슷하게 만들어주는 역할을 합니다. 이렇게 코에서 걸러진 이물질들은 합쳐져 굳어지는데 이것이 바로 코딱지인 것이죠.

콧물에는 염분, 단백질, 백혈구 같은 성분이 포함되어 있는데 이중 백혈구는 세균으로부터 우리의 몸을 보호하는 역할을 합니다. 평소라면 콧물은 흐르지 않지만 세균이 평소보다 많이 들어오게 되면, 백혈구를 이용해 세균을 죽여야 하기 때문에 많은 양의 콧물이 분비되는 것이죠.

콧물이 생성되는 원리

그런데 매운 음식을 먹을 때도 콧물이 나오는 경우가 있습니다. 맛은 혀에 있는 미각세포의 미각 수용체가 감지하는 것으로, 단맛, 쓴맛, 짠맛, 신맛, 감칠맛 총 다섯 가지를 느낄 수 있습니다. 그러나 매운맛은 맛이 아니라 통증으로, 미각세포가 아닌 통각 수용체를 가진 통각 세포가 느끼는 것입니다. 우리의 몸은 매운맛을 일종의 공격 받는 상황으로 판단해 매운맛을 없애기 위해 콧물을 포함한 눈물, 침을 분비시키죠.

또 뜨거운 음식을 먹을 때도 콧물이 나오는데 뜨거운 공기에 의해 코 점막이 확장되어 코로 들어오는 뜨거운 공기의 온도를 낮추기 위해 콧물이 평소보다 많이 나오는 것입니다. 겨울에 밖에 나가면 콧물이 나오는 이유도 비슷합니다. 차가운 공기의 온

도를 높이기 위한 것이죠.

맵거나 뜨거운 음식이 아닌 다른 음식을 먹는데 콧물이 나온다면 미각성 비염을 의심해볼 수 있습니다. 미각성 비염은 미각을 전달하는 신경이 코 점막에 있는 신경과 연결되어 있어 음식을 먹으면 코 점막의 신경을 자극해 콧물이 나오는 것입니다. 쉽게 말해서 음식이 입천장의 신경을 자극했을 뿐이지만 코 신경은 음식이 코로 들어온 것으로 착각해 콧물을 분비시키는 것이죠. 자극적인 음식을 먹을 때 자주 일어나는 현상이지만 신경이 예민한 사람들은 자극적이지 않은 음식을 먹어도 콧물이 나오는 불편함을 겪을 수 있습니다.

이런 경우 음식을 먹기 전 코에 비강 분무제를 뿌려 콧물을 억제시키면 효과를 볼 수 있다고 합니다. 비염은 겉으로 보기에는 심각한 병이 아닌 것 같지만 생존하는 데 가장 필수적인 호흡을 방해하기 때문에 삶의 질을 떨어트리고 스트레스를 많이 받게 되는 질병입니다. 음식을 먹는데 콧물이 너무 많이 나오고 감기도 아닌데 코가 막힌다면 병원에 가서 진료를 받는 것이 좋다고 합니다.

멈추지 않고 달리면
심장이 터지게 될까?

　누군가는 살을 빼기 위해, 누군가는 체력을 키우기 위해 운동을 합니다. 운동을 하면 평소보다 심장이 빨리 뜁니다. 특히 달리기를 할 경우 한계에 다다르면 심장이 굉장히 빨리 뛰는데, 이때 심장이 터질 것 같은 느낌이 들기도 합니다. 그렇다면 이 상태에서 계속 달리기를 하면 심장이 진짜 터져버리게 될까요?

　운동을 하면 평소보다 더 많은 산소와 영양분이 필요합니다. 산소와 영양분은 피가 전달하기 때문에 운동을 하면 평소보다 더 많은 피가 돌게 되죠. 피는 심장에서 나와 온몸에 퍼지기 때문에 운동을 하면 심장이 빨리 뜁니다.

　심장이 1분에 몇 번 뛰는지 숫자로 나타낸 것을 심박수라고 합니다. 평소 아무것도 하지 않을 때는 심박수가 60~100 정도, 가벼운 운동을 할 때는 심박수가 130 정도, 고강도 운동을 할 때는 심박수가 180 정도 된다고 합니다.

때로는 심박수가 200까지 올라가는 경우도 있는데, 사람이 낼 수 있는 최대 심박수는 200 전후이기 때문에 200 이상이 되면 위험해질 수 있습니다.

그렇다면 이때 계속 달리기를 하면 어떨까요? 심장이 더 이상 버티지 못하고 터져버릴 것 같지만 운동을 계속 한다고 해서 심장이 터지는 것은 아닙니다. 의학적으로 봤을 때 외부의 자극이 없는 이상 자연적으로 심장이 터지는 일은 일어나지 않는다고 합니다.

심장이 터지는 것이 아니라, 멈춘다고?

우리 몸 안에 있는 DNA, RNA, 단백질 같은 것들을 분석해 변화를 알아낼 수 있는 지표를 '바이오마커'라고 합니다. 한 연구 결과에 따르면 마라톤을 끝낸 선수의 피를 분석해본 결과 심장에 변화를 줄 수 있는 바이오마커가 발견되었다고 합니다. 이 것은 휴식할 경우 자연스럽게 사라지지만 심장이 계속 한계치에 다다를 경우 심장에 영향을 줘 심장마비가 발생할 수 있습니다.

심장이 터질 것 같을 때 달리는 것을 멈추지 않고 계속 뛰다 보면 심장이 터지는 것이 아니라 오히려 멈춰버리는 것이죠. 실제로 미국 심장 협회의 보고에 따르면 20만 명 중 한 명이 마라톤 중 심장마비를 경험한다고 합니다. 그렇기에 운동을 너무 열심히 해 이상하게 호흡이 힘들고 심장이 불규칙적으로 뛴다면 잠시 운동을 멈추고 휴식을 취하는 것이 좋습니다.

또한 이렇게 심장에 무리가 가는 운동을 계속할 경우 심장에 상처가 생기거나 심장벽이 두꺼워질 수 있습니다. 심장벽이 두꺼워진다는 것은 심장의 근육이 커진다는 뜻입니다.

'근육이 커지면 좋은 거 아닌가?' 하는 생각이 들 수도 있지만, 심장 근육이 너무 커지면 근육 때문에 피가 나가는 통로가 좁아져 혈액순환이 원활하게 이루어지지 못합니다. 그럼 심장은 더 강하게 뛰려고 하면서 근육이 더 커지게 되고, 결국 피가 제대로 돌지 않아 돌연사 하는 경우도 있다고 합니다. 운동은 우리를 건

강하게 만들어주지만 너무 심한 운동은 오히려 건강을 해칠 수 있으니 주의해야 합니다.

‣ 심박수: 일정 단위 시간에 심장이 뛰는 횟수. 대개 분당 횟수로 표시된다.

‣ 바이오마커: 생체 내 무수히 많은 단백질, 유전자, 대사체 등과 같은 물질에서 특정한 질환을 진단하거나 치료법을 결정하는 데 특이적으로 반응하는 물질.

사람이 마그마에 빠지면 몸이 떠오를까?

맨틀에서 높은 온도와 압력으로 인해 암석이 녹아 마그마가 형성됩니다. 마그마가 지표면을 뚫고 나와 흐르면 그것을 용암이라고 부릅니다. 용암이 쌓이고 굳어지면 시간이 지나면서 화산이 형성됩니다. 그렇기 때문에 화산 안쪽에는 마그마가 존재합니다. 그런데 이 화산에 사람이 떨어져서 마그마에 빠지면 몸이 떠오르게 될까요?

마그마는 암석이 녹아 만들어진 것으로 액체라고 말할 수 있습니다. 지구에는 두 가지 힘이 동시에 작용하는데요. 하나는 우리가 잘 알고 있는 중심으로 끌어당기는 힘, 이것을 '중력'이라고 합니다. 또 어떤 물체가 기체나 액체에 잠겼을 때 중력의 반대

방향으로 물체를 밀어올리는 힘을 '부력'이라고 합니다.

어떤 물체가 유체보다 밀도가 낮을 경우 부력에 의해 뜨게 됩니다. 어떤 물체가 유체보다 밀도가 높을 경우 중력에 의해 가라앉게 됩니다. 예를 들어, 사람은 물에 빠지면 몸이 뜨는데, 이때 물의 밀도는 약 1,000세제곱미터이고, 사람의 밀도는 약 985세제곱미터입니다. 사람은 물보다 밀도가 낮기 때문에 물에 뜨는 것입니다. 마그마의 밀도는 약 3,000세제곱미터입니다. 사람은 마그마보다 밀도가 낮기 때문에 만약 마그마에 빠진다면 가라앉는 것이 아니라 뜨게 될 것입니다.

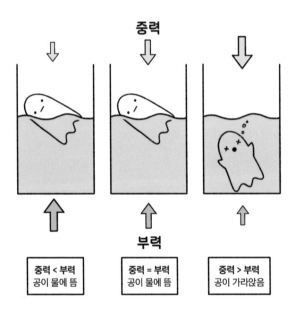

306

유체가 흐르는 것을 방해하는 성질을 '점성'이라고 합니다. 우리는 흔히 점성이 높은 것을 끈적하다고 표현합니다. 꿀에 무언가를 떨어트리면 물에 떨어트렸을 때보다 천천히 가라앉습니다. 점성이 높을수록 천천히 가라앉는 것이죠. 마그마는 점성도 굉장히 높습니다. 물의 점성을 1이라고 한다면 마그마의 점성은 10~100만 정도 된다고 할 수 있습니다. 쉽게 말해 마그마는 물보다 훨씬 끈적하며, 밀도와 점성도 높습니다. 그렇기에 사람이 마그마에 빠져도 가라앉을 수 없습니다.

마그마에 빠지기 전에 사망한다고?

마그마에 빠진다는 것은 화산 꼭대기에서 떨어진다는 것을 뜻합니다. 마그마는 땅속에 있기 때문에 떨어지기까지 시간이 걸리고 속도가 붙게 됩니다. 앞에서도 말했던 것처럼 마그마는 점성이 높습니다. 맞닿는 순간 뼈도 부러질 정도의 엄청난 충격이 발생할 것입니다. 어쩌면 가라앉느냐 뜨느냐를 생각하기도 전에 우리의 몸은 산산조각이 날지도 모릅니다.

화산은 근처만 가도 굉장히 뜨겁습니다. 보호 장비 없이는 접근조차 할 수 없습니다. 화산이 활동하면 독성 가스가 발생하는데 일산화탄소, 메탄, 이산화황처럼 호흡기에 좋지 않은 것들이 대부분입니다. 어쩌면 화산 꼭대기에 가기도 전에 질식해서 죽어버릴

지도 모릅니다. 그런데 만약 이런 것들이 가능하다고 한다면 그리고 마그마의 뜨거운 온도를 견딜 수 있다고 하더라도, 마그마의 높은 점성 때문에 헤엄치는 것은 매우 힘들거나 불가능에 가깝습니다. 마치 늪지대에 빠진 것처럼 느리고 무거운 저항을 받게 되어 빠져나오기가 매우 어려운 상황이 될 것입니다.

일단 알아두면 교양 있어 보이는 과학 용어

▸ 마그마: 땅속 깊은 곳에서 암석이 지열地熱로 녹아 반액체로 된 물질.
▸ 부력: 기체나 액체 속에 있는 물체가 그 물체에 작용하는 압력에 의하여 중력에 반하여 위로 뜨려는 힘.

낮술을 마시면
왜 빨리 취할까?

    술은 알코올의 한 종류인 에탄올이 1퍼센트 이상 함유된 음료로, 마시면 신경을 마비시키고 감각을 무뎌지게 만들며 뇌에도 영향을 줘 온전한 정신으로 있을 수 없게 만드는 특징을 가지고 있습니다.

    보통 술을 마시는 경우 낮이 아닌 밤에 마시게 됩니다. 하지만 때에 따라서 낮술을 하기도 하는데 이상하게 낮에 술을 마시면 밤에 술을 마실 때보다 빨리 취하는 느낌을 받게 됩니다. 실제로 '낮술에 취하면 부모도 못 알아본다'는 말이 있기도 한데, 낮술은 왜 더 빨리 취하는 것일까요?

　술을 마시면 알코올은 간으로 들어가고 간은 이것을 '아세 트알데히드'라는 물질로 바꿉니다. 이후 아세트알데히드는 혈 액 속에 섞여 온몸으로 퍼지게 되죠. 이것은 면역 세포의 기능 을 떨어트리고, 장의 움직임을 과도하게 만들어 수분 흡수를 방 해해 설사를 유발합니다. 심지어 알코올은 우리 몸에서 수분이 배출되는 것을 막는 항이뇨호르몬의 분비를 억제해 결론적으로 우리 몸속 수분 배출을 과도하게 만들어 탈수증상을 유발하기 도 합니다. 그래서 과음을 한 다음 날 아침에 심한 갈증을 느끼 는 것이죠.

　또 술은 뇌에도 영향을 주는데요. 술을 마시면 행복감을 느끼 는데 영향을 주는 물질인 세로토닌과 도파민이 뇌에서 분비됩니 다. 그래서 술을 마시면 기분이 좋아지는 것이죠.

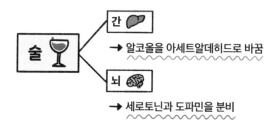

하지만 술을 너무 많이 마시면 오히려 세로토닌과 도파민의 분비가 줄어들어 우울증과 무기력함이 올 수 있습니다. 추가로 술을 마시면 분비되는 '감마 아미노부르티산GABA'이라는 물질은 근육에 영향을 줘 몸을 잘 가누지 못하게 만들고 뇌에 산소가 잘 공급되지 않아 정신이 몽롱한 상태가 됩니다. 이런 상태를 우리는 취했다고 말합니다.

우리가 취했다고 느끼는 이유

외부의 자극을 받아들이고 느끼는 성질을 '감수성'이라고 합니다. 쥐에게 알코올을 투여해 감수성을 알아보는 실험을 해본 결과 장기의 알코올 감수성이 가장 높게 나타났던 시간은 저녁 시간이었고, 뇌의 알코올 감수성은 새벽에 가장 높았다고 합니다. 쥐는 보통 밤에 활동을 하기 때문에 활동기 때 신체의 감수성이 가장 높게 나타났고 활동기가 끝날 무렵에는 뇌의 감수성이 가장 높게 나타났습니다.

이것을 인간에 대입해보면 활동기인 낮에 신체의 감수성이 가장 높을 것이고 활동기가 끝나는 밤에 뇌의 감수성이 가장 높을 것입니다. 즉 낮에 술을 마시게 되면 장기가 알코올을 받아들이는 속도가 빨라 흡수가 더 잘될 수밖에 없습니다. 그래서 낮술을 마시면 더 빨리 취하게 되는 것이죠.

만약 술을 마신다면 웬만하면 낮보다는 밤에 마시게 되죠. 몸은 여기에 익숙해져 있기 때문에 밤보다 낮에 마시면 더 빠른 자극이 올 수 있습니다. 또 점심시간에 술을 마시는 경우 점심을 먹은 뒤 다시 활동을 해야 하기 때문에 저녁에 술을 마실 때보다 여유가 없어 빨리 마시게 됩니다. 그래서 더 빨리 취하는 것처럼 느껴지는 것입니다.

하지만 이런 것들을 뒷받침해줄 과학적인 연구 결과는 아직 없다고 합니다. 즉 낮에 술을 마셨을 때 더 빨리 취했다면 그것은 기분 탓일 가능성도 있다는 것이죠. 낮이든 밤이든 술을 너무 마셔 자신의 의지대로 몸을 움직일 수 없는 상황이 되면 주변 사람들에게 민폐를 끼칠 수 있으니 선을 지켜 적당히 마시는 것이 좋겠죠?

끓는 물에 들어가면 화상을 입는데 왜 사우나는 괜찮을까?

살짝 배가 고프니까 라면을 하나 먹어야겠습니다. 라면을 먹으려면 물을 끓여야 하죠. 물이 끓을 때 온도는 100도입니다. 혹시 얼마나 따뜻한지 알기 위해서 이 물에 손을 넣어보실 분 계시나요? 아마 아무도 없을 것입니다. 손을 넣는 순간 우리는 화상을 입을 테니까요. 그렇다면 뜨겁다고 해야 하는데 많은 사람들이 시원하다고 말하는 사우나에 자주 가시는 분 계시나요?

사우나의 온도는 100도를 넘어 130도까지 올라가는 경우도 있습니다. 그런데 참 이상합니다. 100도의 끓는 물에 들어가면 곧바로 화상을 입는데, 100도의 사우나는 아무렇지 않습니다. 우리 몸은 사우나에서는 왜 화상을 입지 않는 것일까요?

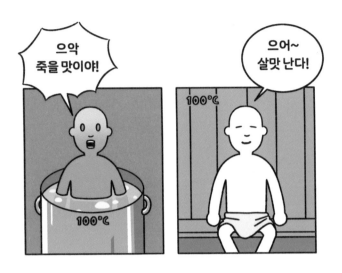

피부가 화상을 입는 원리

우리의 피부는 수용할 수 없는 온도에 노출되면 화상을 입습니다. 40도인 물질에 한 시간 정도 닿을 경우, 55도인 물질에 10초 정도 닿을 경우, 60도인 물질에는 5초만 닿아도 화상을 입죠. 물질을 이루고 있는 분자는 끊임없이 움직입니다. 온도가 낮은 물질보다 온도가 높은 물질의 분자가 더 활발히 움직이죠.

다른 온도를 가진 물질이 서로 접촉하면 온도가 낮은 물질의 분자는 온도가 높은 물질의 분자로부터 열을 전달받아 온도가 높아지고 온도가 높은 물질의 분자는 온도가 낮은 물질의 분자에게 열을 전달해 온도가 낮아집니다. 그러다 결국 같은 온도가 되는데 이것을 '열평형'이라고 합니다. 열은 분자가 많을수록 즉 분자의 밀도가 높을수록 더 많이 접촉하게 되니 더 빠르게 전달됩니다.

분자는 기체 상태일 때보다 액체 상태일 때 밀도가 더 높은데요. 예를 들어 100도의 끓는 물과 100도의 공기가 있다고 한다면, 액체인 끓는 물이 열을 더 빠르게 전달하니 같은 온도라 할지라도 공기보다 끓는 물을 더 뜨겁다고 느끼게 됩니다.

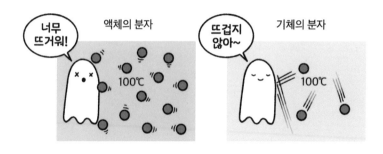

사우나는 핀란드에서 전통적으로 행해지던 목욕 방식 중 하나로, 방의 온도를 뜨겁게 한 곳에 들어가 땀을 쫙 빼고 물로 씻어내는 식이죠. 100도까지 올라가는 사우나의 경우 공기를 가열시켜 방의 온도를 올립니다. 그렇기 때문에 끓는 물에 닿으면 곧바로 화상을 입지만 같은 온도의 공기로 가득 찬 사우나에 들어가

면 화상을 입지 않는 것이죠.

사우나는 뜨거운 공기를 이용해 방의 온도를 올리는 '건식 사우나'와 뜨거운 수증기를 이용해 방의 온도를 올리는 '습식 사우나'로 나누어집니다. 건식 사우나의 온도는 100도 정도, 습식 사우나의 온도는 50도 정도입니다. 같은 사우나라고 하더라도 설정하는 온도가 다른데 이것 역시 같은 이유입니다. 습식 사우나는 수증기, 즉 액체를 이용해 온도를 올립니다. 상대적으로 공기 중 분자의 밀도가 건식 사우나보다 높죠. 이로 인해 열이 더 잘 전달되어 화상을 입을 수 있으므로 건식 사우나보다 온도를 낮게 설정하는 것입니다.

일단 알아두면 교양 있어 보이는 과학 용어

▸ 열평형: 서로 온도가 다른 물체를 접촉시켰을 경우에, 열이 흐르다가 같은 온도가 되었을 때 열의 흐름이 정지되는 상태.

비가 오면
왜 관절이 아플까?

비가 오는 날 우산 없이 밖에서 활동을 하는 것은 쉬운 일이 아닙니다. 그래서 일기예보를 보고 비가 온다고 하는 날에는 우산을 챙겨서 나가죠. 기상청의 일기예보를 보는 것 이외에도 하늘을 보거나 동물의 행동을 통해 비를 예측하기도 합니다.

또한 비가 오면 관절이 아프거나 삭신이 쑤시는 등 몸이 알려주는 신호를 통해 비가 올 것 같다는 느낌을 받기도 하죠. 그렇다면 비가 오기 전에는 왜 관절이 아픈 걸까요?

날씨가 바뀐다는 것은 기압이 바뀐다는 것을 의미합니다. 기압이란 공기가 누르는 힘을 말하는데 우리의 몸도 기압과 동일한 힘으로 공기를 밖으로 밀고 있어서 평소 기압을 느끼지 못하고 있습니다. 주위보다 기압이 높아지면 고기압이라고 부르는데 아래로 누르는 힘이 강해지게 됩니다. 고기압에서는 공기가 위에서 아래로 이동하는 하강기류가 나타나게 됩니다. 공기가 아래로 이동하면 기압에 의해 부피가 작아지고 온도가 올라갑니다. 이것을 '단열압축'이라고 하죠. 이때는 구름이 소멸되고 공기가 건조해져 맑은 날씨가 될 확률이 아주 높습니다.

반대로 주위보다 기압이 낮아지면 저기압이라고 부릅니다. 공기가 아래서 위로 올라가는 상승기류가 나타나게 되죠. 공기가 위로 올라가면 압력이 낮아져 부피가 커지고 온도가 낮아집니다. 이것을 '단열팽창'이라고 하죠. 낮아진 온도 때문에 공기 중의 수증기가 물방울로 변하고 구름이 만들어져 흐린 날씨가 되거나 비가 올 확률이 높아지게 됩니다.

기압의 영향을 받는 관절

인간은 총 206개의 뼈로 이루어져 있습니다. 많은 뼈가 있는 덕분에 자유롭게 움직이는 것이 가능합니다. 두 개 이상의 뼈가 맞닿는 곳을 관절이라고 하는데 관절이 쉽게 움직일 수 있도록

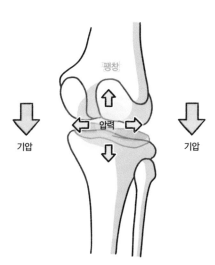

도와주는 것이 연골이죠. 노화에 의해 연골이 닳거나 외부적인 요인에 의해 관절에 염증이 생기면 움직임이 평소와 같지 않거나 피부가 붓고 통증이 오게 됩니다. 이것을 관절염이라고 하죠.

정상적인 관절이라면 아무런 영향이 없지만 관절염이 있다면 온도나 습도, 기압의 변화 즉 날씨의 변화에 민감하게 반응합니다. 기압이 낮아지면 외부 압력이 감소해 몸 내부의 압력이 상대적으로 높아지면서, 관절 내 조직이 팽창하여 주변 신경을 자극해 통증이 악화될 수 있습니다.

날씨가 바뀐다는 것은 관절염 이외에 다른 병에도 영향을 끼치게 됩니다. 기압이 낮아지면 잇몸이나 치아에 있는 혈관이 부어 신경을 자극하는데 충치가 있다면 통증이 올 수 있습니다. 또한 햇빛을 받으면 세로토닌이라는 신경전달물질이 분비되는데 비가 오면 햇빛을 받을 수 없기 때문에 세로토닌의 분비가 줄어듭니다. 세로토닌이 적게 분비되면 두통이나 우울증이 올 수 있죠.

이외에도 날씨의 영향이 아니라 비행기를 탔을 때 통증이 오는 경우도 있습니다. 비행기를 타면 하늘 높이 올라가기 때문에 기압이 낮아지게 됩니다. 그럼 비가 올 때처럼 치통이나 관절염에 의한 통증이 심해지게 되죠. 그러니 가능하다면 충치를 치료한 뒤 비행기를 타는 것이 좋다고 합니다.

▸ 기압: 단위 면적의 지면 또는 공기층의 단면에 가해지는 공기 기둥의 힘.

오이를 싫어할 수밖에 없는 과학적인 이유?

취향에 따라 좋아하는 음식이 다른 것처럼 싫어하는 음식도 각자 다를 것입니다. 냄새 때문에 청국장을 싫어하는 사람도 있을 것이고, 식감 때문에 가지를 별로라고 생각하는 사람도 있을 것이고 의외로 김치를 못 먹는 사람도 있을 것입니다. 그리고 오이를 싫어하는 사람도 생각보다 많이 있죠.

오이를 싫어하는 사람은 먹는 것뿐만 아니라 냄새를 맡는 것도 아주 싫어합니다. 오이를 싫어하지 않는 사람들은 이것을 이해하지 못하거나 정말로 오이를 싫어하는 것이 맞는지 의심이 들 정도인데 도대체 왜 오이를 싫어하는 것일까요?

오이는 비타민 C, K가 풍부하게 들어있어 뼈를 튼튼하게 해주며 혈액이나 장에 쌓인 독소를 제거해주기도 하고 95퍼센트가 수분으로 이루어져 있어 수분 보충에도 도움이 되고, 칼로리가 낮고 식이성섬유가 풍부하기 때문에 다이어트에 도움이 되는 신의 채소라고 불리는 최고의 음식이지만, 오이를 싫어하는 사람들에겐 그저 극혐 그 자체일 뿐입니다.

이들이 오이를 싫어하는 이유는 오이에서 나는 특유의 맛과 향 때문입니다. 오이를 먹으면 느껴지는 쓴맛은 오이의 양 끝부분에 있는 '쿠쿠르비타신cucurbitacin'이라는 성분 때문입니다. 쿠쿠르비타신은 박과 식물이 가지고 있는 스테로이드의 일종으로 오이뿐만 아니라 수박, 참외 같은 식물에도 포함되어 있습니다.

쿠쿠르비타신은 쓴맛이 나는 것뿐만 아니라 독성을 띠고 있는데, 동물들이 쿠쿠르비타신을 먹었을 때 죽음에 이를 수 있다는 것을 쥐 실험을 통해 확인했습니다. 즉 식물이 쿠쿠르비타신 성분을 가지고 있는 이유는 해충이나 동물로부터 스스로를 보호하기 위함이었던 것이죠. 비슷한 맥락으로 커피에 들어있는 카페인도 식물이 천적으로부터 자신을 보호하기 위해 만든 독성 물질입니다.

오이를 먹었을 때 배가 아프거나 설사가 나온 경험이 있다면 그것은 쿠쿠르비타신 때문입니다. 물론 이 물질이 인간을 죽음에 이르게 할 순 없지만, 오이를 싫어하는 원인이 되긴 합니다.

오이를 본능적으로 싫어하는 유전자?

우리가 쓴 음식을 먹으면 혀에 있는 쓴맛 수용체가 쓴맛을 감지하고 신호를 뇌로 보내 쓴맛이 느껴지게 합니다. 쓴맛의 민감도는 7번 염색체에 있는 'TAS2R38'이라는 유전자에 의해 결정됩니다. 쓴맛에 민감한 타입을 PAV, 민감하지 않은 타입을 AVI라고 부르는데 오이를 싫어하는 사람의 경우 PAV 타입일 가능성이 높으며, 이들은 쓴맛을 느끼는 정도가 AVI 타입에 비해 약 100~1,000배 정도 더 높다고 합니다.

쓴맛은 독성을 띠는 경우가 많아 동물은 기본적으로 쓴맛을 거부하게끔 설계되어 있는 데다, 다른 사람에 비해 민감도까지 높기 때문에 이들이 오이를 싫어하는 것은 어쩌면 당연한 결과일지도 모릅니다. 즉 오이를 싫어하는 것은 단순한 취향이 아니라 본능과 유전자 때문인 것이죠. 오이를 싫어하는 PAV 타입은 수박이나 참외도 싫어하는 경우가 있으며, 술을 마실 때도 AVI 타입보다 더 쓴맛을 느끼게 됩니다.

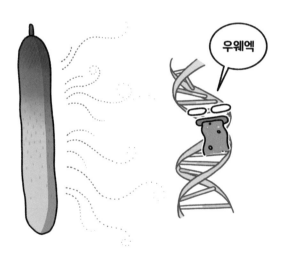

　오이를 싫어하는 사람은 맛뿐만 아니라 냄새 역시 역겨워합니다. 오이에서 나는 냄새는 알코올의 일종인 노나디에날, 노나디에놀의 냄새로 이것 역시 민감도가 다른 사람보다 높기 때문에 나타나는 현상입니다.

오이를 싫어하는 사람과 밥을 먹을 때 냉면에 올라간 오이를 건져내는 모습이나 김밥에 들어간 오이를 빼내는 모습을 보고 '유난이다, 편식한다'라고 생각하신 분들도 있을 텐데요. 이들이 오이를 싫어하는 것은 취향이 아니라 몸이 거부하기 때문에 나타나는 현상이니 앞으로는 너무 부정적으로 생각하지 않는 것은 어떨까요?

인간의 성별은
어떻게 결정될까?

성별은 엄마 배 속에 태아로 있을 때 남자로 태어날 것인지 여자로 태어날 것인지가 결정됩니다. 사람의 염색체는 총 46개로 22쌍의 상염색체와 한 쌍의 성염색체로 이루어져 있습니다. 이 중 성염색체가 우리의 성별을 결정짓게 되는데 염색체가 XY라면 남자가 되고 XX라면 여자가 됩니다. 도대체 Y 염색체에 어떤 비밀이 숨어있길래 염색체에 의해 성별이 결정되는 것일까요?

엄마의 난자와 아빠의 정자가 만나면 수정란이 만들어져 임신이 시작됩니다. 난자는 X 염색체를 가지고 있고, 정자는 X 염색체 혹은 Y 염색체를 가지고 있습니다. X 염색체를 가진 정자가 난자와 만나면 여자가 되고, Y 염색체를 가진 정자가 난자와 만나면 남자가 되는 것이죠. 즉 성별은 아빠의 염색체에 의해 결정된다고 볼 수 있습니다.

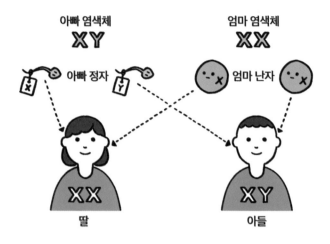

아빠 염색체 **XY**   엄마 염색체 **XX**

아빠 정자   엄마 난자

딸   아들

남자와 여자를 결정짓는 차이

남자와 여자의 가장 큰 차이는 바로 생식기입니다. 남자는 정소(고환)을 가지고 있고 여자는 난소를 가지고 있죠. 정소(고환)에서 만들어지는 안드로겐(남성호르몬)은 근육과 골격을 발달시키고, 난소에서 만들어지는 에스트로겐(여성호르몬)은 가슴을 발달시키고 임신이 가능하도록 만들어줍니다. 처음 태아가 만들어질 때는 아빠에게 X 염색체를 받든 Y 염색체를 받든 모두 같은 모양의 생식기를 가지고 있습니다. 게다가 남자 생식기로 발달되는 볼프관과 여자 생식기로 발달되는 뮐러관을 모두 가지고 있죠. 그래서 임신 초기에는 남자아이인지 여자아이인지 확인할 수 없습니다.

이후에 임신 8주~10주 정도가 되면 생식기의 모양이 바뀌기 시작합니다. 이때 영향을 주는 것이 Y 염색체에 있는 SRY라고 불리는 유전자입니다. 이 유전자는 SOX9이라고 불리는 유전자를 활성화시켜 고환이 발달되도록 만들어 줍니다. 아빠에게 Y 염색체를 받았다면 SRY와 SOX9 유전자에 의해 볼프관이 발달되면서 고환, 정낭, 귀두 같은 것들이 만들어지고 남자의 생식기 모양으로 바뀌게 되죠.

X 염색체에는 DAX1 이라는 유전자가 있는데 이 유전자가 두 개 있어야 난소가 만들어집니다. 아빠에게 X 염색체를 받으면 SOX9 유전자가 활성화되지 않고 두 개의 DAX1 유전자에 의해 뮐러관이 발달하면서 난소, 나팔관, 자궁 같은 것들이 만들어져 여자의 생식기 모양으로 바뀌게 됩니다.

즉 남자, 여자를 결정짓는 것은 Y 염색체 그 자체가 아니라 Y 염색체에 있는 SRY 유전자에 의해 이루어지는 것이죠. 다시 말하면 Y 염색체를 가졌다고 하더라도 SRY 유전자가 없다면 고환이 만들어지지 않고 여자의 생식기가 만들어진 채로 태어나게 됩니다. 반대로 X 염색체를 가졌다고 하더라도 알 수 없는 이유로 SOX9 유전자가 활성화되면 남자의 생식기가 만들어진 채로 태어나게 됩니다. 이런 경우를 간성(인터섹스)이라고 하며 0.05퍼

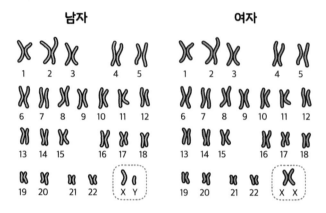

남자   여자

1 2 3   4 5   1 2 3   4 5

6 7 8 9 10 11 12   6 7 8 9 10 11 12

13 14 15   16 17 18   13 14 15   16 17 18

19 20 21 22   X Y   19 20 21 22   X X

센트의 확률, 즉 2,000명 중 한 명꼴로 나타나는 것으로 알려져 있습니다.

남자와 여자가 한 몸에 있는 경우?

XX 염색체를 가진 간성의 경우 남성의 생식기를 발달시키는 SRY 유전자 또는 SOX9 유전자가 활성화되면서 동시에 X 염색체에 있는 여성의 생식기를 발달시키는 DAX1 유전자도 두 개 가지고 있어서, 남자의 생식기는 물론 여자의 생식기도 생기는 경우가 있습니다. 그래서 남자의 생식기를 제거하는 수술을 받기도 하는데 이것은 잃어버린 자신의 성을 되찾는 것일뿐 트랜

스젠더와는 다른 개념으로 받아들여야 합니다. 성별은 단순히 아빠에게 어떤 염색체를 받느냐가 아니라 SRY 유전자가 있냐, SOX9 유전자가 활성화 되느냐에 따라 다르게 결정되는 꽤 복잡한 과정을 가지고 있습니다.

이런 유전자에 따라서 XY 염색체를 가졌지만 여자가 되는 경우도 있고, 여자이지만 임신을 하지 못하는 경우도 있습니다. 영국과 미국의 국제 공동 연구팀은 쥐 실험을 통해 XY 염색체를 가지고 있음에도 SOX9 유전자를 비활성화시켜 암컷으로 태어나게 하는 실험에 성공했다고 합니다. 이러한 연구는 앞으로도 계속될 것이고 성 발달 장애나 불임에 대한 해결책도 찾을 수 있을 것으로 기대되고 있습니다.

일단 알아두면 교양 있어 보이는 과학 용어

▸ 간성(인터섹스): 성 결정 유전자 작동의 잘못으로 생기는 암수 두 가지 형질이 혼합되어 나타나는 일.

참고 문헌

· 최인호,《저대사 유도물질 t1am을 이용한 근위축 유도제 및 이의 근비대 치료 용도》, 2019

· 최흥철,《한국판 배뇨공포증 척도의 신뢰도 및 타당도 연구》, 271-276, 2009

· Aaron A. Hanyu-Deutmeyer,《Phantom Limb Pain》, 2023

· Alasdair M. Geddes MD,《The history of smallpox》, 152-157, 2006

· A M Behbehani,《The smallpox story: life and death of an old disease》, 455-509, 1983

· Benjamin Baird,《The cognitive neuroscience of lucid dreaming》, 305-323, 2019

· Benjamin Baird,《Frequent lucid dreaming associated with increased functional connectivity between frontopolar cortex and temporoparietal association areas》, 2018

· B. Widrow,《Adaptive noise cancelling: Principles and applications》, 1692-1716, 1975

· Carles Lalueza-Fox,《Bitter taste perception in Neanderthals through the analysis of the TAS2R38 gene》, 2009

· Colin L. Raston,《Shear stress-mediated refolding of proteins from aggregates and inclusion bodies》, 393-396, 2015

· Columbia University Irving Medical Center,《Why are memories attached to emotions so strong?》, 2020

· David A. Ramírez,《Extreme salinity as a challenge to grow potatoes under Mars-like soil conditions: targeting promising genotypes》, 2017

· D H Hellhammer,《Changes in saliva testosterone after psychological stimulation in men》, 77-81, 1985

· Domenico Tupone,《Central activation of the A1 adenosine receptor (A1AR) induces a hypothermic, torpor-like state in the rat》, 2013

· Doppler effect, https://www.grc.nasa.gov/www/k-12/airplane/doppler.html

· Dr Zack S Moore, 《Smallpox》, 425-435, 2006

· Edward Jenner, 《On the Origin of the Vaccine Inoculation》, 505-508, 1801

· Feng Li, 《Taste perception: from the tongue to the testis》, 349-360, 2013

· Harshal R. Patil, 《Cardiovascular Damage Resulting from Chronic Excessive Endurance Exercise》, 312-321, 2012

· HENRY SWAN, 《Anti-metabolic Extract from the Brain of Protopterus aethiopicus》, 1968

· Isaac Willis, 《The Effects of Prolonged Water Exposure on Human Skin》, 166-171, 1973

· J. M. Dickins, 《What is Pangaea?》, 67-80, 1994

· John O'Keefe, 《Place units in the hippocampus of the freely moving rat》, 78-109, 1976

· J R Bird, 《Psychogenic urinary retention》, 45-51, 1980

· J.Ross Hawkins, 《The SRY gene》, 328-332, 1993

· Kendall A. Smith, 《Edward Jenner and the small pox vaccine》, 2011

· Kenji Kamiya, 《Long-term effects of radiation exposure on health》, 469-478, 2015

· Laurence A. Cole, 《The hCG assay or pregnancy test》, 2011

· Liguang Wu, 《Growing typhoon influence on east Asia》, 2005

· Lyall Watson, 《Supernature》, Hodder & Stoughton Ltd, 1973

· Madhusudhan Venkadesan, 《Stiffness of the human foot and evolution of the transverse arch》, 97-100, 2020

· May-Britt Moser, Edvard I. Moser 《Place cells, grid cells, and the brain's spatial representation system》, 69-89, 2008

· May-Britt Moser, Edvard I. Moser 《Place Cells, Grid Cells, and Memory》, 2015

· M. J. Parkes, 《Breath-holding and its breakpoint》, 2005

· M.M.M. Meier, 《On the origin and composition of Theia: Constraints from new models of the Giant Impact》, 316-328, 2014

· Mohammad A. Hoque, 《Sudden Drop in the Battery Level?: Understanding Smartphone State of Charge Anomaly》, 70-74, 2016

· N. Abusheikha, 《XX males without SRY gene and with infertility: Case report》, 717-718, 2001

· Nadia Aalling Jessen, 《The Glymphatic System—A Beginner's Guide》, 2583-2599, 2015

333

· Norman A. Phillips, 《An Explication of the Coriolis Effect》, 299–304, 2000

· Olaf Blanke, 《Neurological and robot-controlled induction of an apparition》, 2014

· Paula S. Azevedo, 《Cardiac Remodeling: Concepts, Clinical Impact, Pathophysiological Mechanisms and Pharmacologic Treatment》, 62–69, 2016

· Peter McLeod, 《Visual Reaction Time and High-Speed Ball Games》, 1987

· R.C. Cope, 《The art of battery charging》, 1999

· R Christopher Miall, 《The flicker fusion frequencies of six laboratory insects, and the response of the compound eye to mains fluorescent 'ripple'》, 99–106, 2008

· Rene Hen, 《Contextual fear memory retrieval by correlated ensembles of ventral CA1 neurons》, 2020

· Robert J. White, 《Cephalic exchange transplantation in the monkey》, 1971

· Rubin Jiang, 《Channel branching and zigzagging in negative cloud-to-ground lightning》, 2017

· Samuel D. Epstein, 《A Minimalist Theory of Simplest Merge》, Routledge, 2021

· Stanley Coren, PhD, 《Sleep Deprivation, Psychosis and Mental Efficiency》, 1998

· Stefano Alberghi, 《Is It More Thrilling to Ride at the Front or the Back of a Roller Coaster?》, 536–541, 2007

· T. Chard, 《REVIEW: Pregnancy tests: a review》, 701–710, 1992

· Thijs M. H. Eijsvogels, 《The "Extreme Exercise Hypothesis": Recent Findings and Cardiovascular Health Implications》, 2018

· Todor A. Popov MD, 《Human exhaled breath analysis》, 451–456, 2011

· Valerie B. Duffy, 《Vegetable Intake in College-Aged Adults Is Explained by Oral Sensory Phenotypes and TAS2R38 Genotype》, 137–148, 2010

· W. C. Röntgen, 《On a New Kind of Rays》, 227–231, 1896

· W. H. TONKING, 《PROJECT MOHOLE—EXPLORING THE EARTH'S CRUST》, 980–1000, 1966

· Y.V. Ganchin, 《Seismic studies around the Kola Superdeep Borehole, Russia》, 1–16, 1998

이미지 출처

엉뚱한 과학책

초판 1쇄 발행 2024년 11월 20일
초판 6쇄 발행 2024년 12월 6일

지은이 김진우
펴낸이 이경희

펴낸곳 빅피시
출판등록 2021년 4월 6일 제2021-000115호
주소 서울시 마포구 월드컵북로 402, KGIT센터 19층 1906호

- 인쇄·제작 및 유통상의 파본 도서는 구입하신 서점에서 바꿔드립니다.
- 이 책의 전부 또는 일부 내용을 재사용하려면 반드시 사전에
  저작권자와 빅피시의 서면 동의를 받아야 합니다.
- 빅피시는 여러분의 소중한 원고를 기다립니다. bigfish@thebigfish.kr